低热值煤热处理过程中汞的迁移和控制

Transfer Behavior and Control of
Mercury During Low Calorific Value Coal Combustion

高丽兵　著

U0333174

化学工业出版社
·北京·

内 容 简 介

本书以低热值煤中汞的赋存形态，热解、燃烧过程中汞的迁移规律和控制技术为主线，主要介绍了低热值煤中汞的研究背景及意义、低热值煤中汞的赋存形态与热稳定性、煤泥热处理过程中汞的释放、低热值煤电厂的汞迁移行为、低热值煤层燃过程中汞的释放特征、低热值煤飞灰对汞的吸附特性、山西省低热值煤电厂汞排放估算等内容，旨在建立低热值煤燃烧过程中汞释放、迁移、转化等理化过程机制的理论基础，同时为低热值煤电厂的汞控制技术提供理论依据、技术参考和案例借鉴。

本书具有较强的技术应用性和针对性，可供从事煤热处理及污染控制等的工程技术人员、科研人员和管理人员参考，也可供高等学校环境科学与工程、化学工程、能源工程及相关专业师生参阅。

图书在版编目（CIP）数据

低热值煤热处理过程中汞的迁移和控制/高丽兵著. —北京：化学工业出版社，2021.11

ISBN 978-7-122-40364-3

Ⅰ.①低… Ⅱ.①高… Ⅲ.①燃煤系统-汞-迁移-研究②燃煤系统-汞-控制-研究 Ⅳ.①TK223.2

中国版本图书馆 CIP 数据核字（2021）第 240532 号

责任编辑：刘兴春　卢萌萌　　　　　　装帧设计：王晓宇
责任校对：宋　夏

出版发行：化学工业出版社（北京市东城区青年湖南街 13 号　邮政编码 100011）
印　　装：天津盛通数码科技有限公司
710mm×1000mm　1/16　印张 11½　字数 163 千字
2021 年 12 月北京第 1 版第 1 次印刷

购书咨询：010-64518888　　　　　　售后服务：010-64518899
网　　址：http://www.cip.com.cn
凡购买本书，如有缺损质量问题，本社销售中心负责调换。

定　　价：86.00 元　　　　　　　　　　版权所有　违者必究

　　能源是人类活动的物质基础，充足的能源供应直接关系到国家经济的发展和人民生活的改善。随着世界经济的快速发展和人口数量的不断增长，人类对能源的需求急剧攀升。目前，世界能源供应在很大程度上还是依赖于化石燃料，尤其是煤，其依然是世界上最主要的能源。多煤、少油、缺气的能源国情决定了中国是世界上第一大煤炭生产国和消费国。

　　据统计，在煤炭长期开采和洗选过程中，中国目前已累计产生 50×10^8 t 煤矸石，形成 3000 座煤矸石山，占地约 1.5×10^4 hm^2，且仍以 3.15×10^8 t/a 的速度增加。大量堆积的煤矸石不仅浪费了宝贵的土地资源，而且还会引起环境污染和安全灾害。为了节约土地，减轻低热值煤废弃的环境危害和提高低热值煤的资源利用效率，我国在"十二五"期间出台了一系列政策促进低热值煤燃烧发电。目前，我国低热值煤发电总装机容量达到 30000MW，发电量超过 1.6×10^{11} kW·h，年消耗 1.5×10^8 t 低热值煤，占低热值煤利用总量的 32%。为了促进低热值煤电厂汞控制技术的发展，国内外学者对低热值煤燃烧过程中汞的释放特征、迁移规律和控制技术进行了不少研究，研究结果引起人们的普遍关注。

　　本书结合笔者及其团队多年的科研成果及教学经验，结合国内外该领域的发展及国家相关政策等编写而成。全书共分 8 章：第 1 章主要综述了低热值煤中汞的研究背景以及研究目的和意义；第 2 章讲述了低热值煤中汞的赋存形态与热稳定性；第 3 章讲述了煤泥热处理过程中汞的释放；第 4 章讲述了低热值煤电厂的汞迁移行为；第 5 章讲述了低热值煤层燃过程中汞的释放特征；第 6 章讲述了低热值煤飞灰对汞的吸附特性；第 7 章为山西省低热值煤电厂汞排放估算案例分析；第 8 章对全书进行了总结与展望。本书具有较强的技术应用性和针对性，可供从事煤清洁高效利用及污染控制等的工程技术人员、科研人员和管理人员参考，也供高等学校环境科学与工程、能源工程、化学工程及相关专业师生参阅。

本书全面、系统地介绍了低热值煤中汞的赋存形态，热解、燃烧过程中汞的迁移规律和控制技术。采用笔者及其课题组前期研究开发的元素汞检测系统对低热值煤热处理过程中产生的零价汞进行在线动态连续测量，直观地识别了低热值煤中汞的赋存形态与热稳定性，低热值煤热解、燃烧过程中汞的释放特征，揭示了低热值飞灰对 Hg^0 的吸附/氧化特性机理；研究了山西省几个典型的低热值煤电厂汞的分布、汞排放因子和汞脱除效率，揭示了山西省低热值煤电厂汞的迁移规律，建立了山西省低热值煤电厂汞的年排放量清单。

本书部分研究成果是在山西省重点研发计划项目（201903D321081）、山西省应用基础研究计划项目（201901D211295）、太原科技大学博士科研启动基金（20182060）的支持下完成的，在此表示衷心感谢。同时，笔者在研究和撰写本书过程中引用了部分期刊文献、专著和资料，在此对上述作品的作者表示衷心的感谢。

限于笔者的知识水平和撰写时间，书中不妥和疏漏之处在所难免，敬请读者批评指正。

著者

2021 年 6 月于太原

目
录

CONTENTS

第 1 章
绪论 001

第 2 章
低热值煤中汞的赋存形态
与热稳定性　　　　　039

第 3 章
煤泥热处理过程中汞的释放　　065

第 6 章
低热值煤飞灰对汞的吸附特性　　130

第 7 章
典型案例分析　　154

第 8 章
结论与展望   164

附录
主要符号说明   170

第**1**章

绪论

- ▶ 低热值煤利用与汞污染
- ▶ 低热值煤中汞的丰度和赋存形态
- ▶ 低热值煤热转化过程中汞的迁移
- ▶ 燃煤汞排放控制技术
- ▶ 本书的框架结构及内容特色

1.1 低热值煤利用与汞污染

1.1.1 低热值煤的产生及利用

能源是人类活动的物质基础，充足的能源供应直接关系到国家经济的发展和人民生活的改善。随着世界经济的快速发展和人口数量的不断增长，人类对能源的需求急剧攀升。目前，世界能源供应在很大程度上还是依赖于化石燃料，尤其是煤，其依然是世界上最主要的能源。多煤、少油、缺气的能源国情决定了中国是世界上第一大煤炭生产国和消费国[1]。据统计，2016 年中国的煤炭产量为 34.1×10^8 t，占世界总产量的 45.7%；煤炭消费量为 27.032×10^8 t，占世界总量的 50.6%，同比提高 0.6 个百分点，煤炭消费量占能源消费总量的 62.0%[2,3]。

中国、美国和印度煤炭消费预测如图 1-1 所示，据国际能源署预测，未来十年内中国煤炭消耗将趋于稳定，到 2030 年后中国的煤炭需求将会小幅减少。

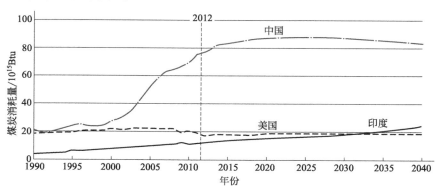

图 1-1 中国、美国和印度煤炭消费预测[4]

根据《煤炭质量分级 第 3 部分：发热量》（GB/T 15224.3—2010），低热值煤是指发热量≤16.70MJ/kg 的煤炭。低热值煤来源于煤炭的开采和洗选过程中产生的大量煤矸石、煤泥和洗中煤等。

1.1.1.1 煤矸石

煤矸石与煤伴/共生，是煤矿建设、煤炭采掘和洗选加工过程中产生的固体排弃物，一般含碳量较低（20%～30%），灰分较高，发热量低（4.2～12.6MJ/kg）[5]。煤矸石的主要成分为 Al_2O_3、SiO_2，与煤相比，煤矸石结构和成分更复杂，且含有多种矿物质。黄铁矿、石灰石、高岭石、白云母等是煤矸石的主要矿物质，另外还含有数量不等的 Hg、As、Pb、Se、Cu、Ni、Zn 等微量元素。煤矸石的产量约占原煤总产量的 10%～15%，占全国工业废渣排放量的 25%[6]。

1.1.1.2 洗中煤

洗中煤是重力选煤过程中的中间产物，其灰分、水分和热值介于精煤与煤矸石中间。我国洗中煤的挥发分在 25%～40% 范围内；水分根据脱水程度而异，一般为 10%～15%；灰分则较高，一般为 30%～40%，有的高达 50%。由于送选的原煤质量都较好，故洗中煤的发热量多为中等水平，一般为 16000～21000MJ/kg。洗中煤由于灰分高，结渣的倾向较大。我国洗中煤的产量约为原煤产量的 7%～8%，大多数为电站锅炉所燃用[7]。

1.1.1.3 煤泥

煤泥是煤炭生产、洗选过程中产生的含水黏稠物煤粉，根据品种的不同和形成机理的不同，其性质差别非常大，可利用性也有较大差别，其种类众多，用途广泛。其粒度范围在 0～1mm 之间；灰分在 16%～49% 之间，低位发热量一般在 8～17MJ/kg 之间。具有粒度细（通常在 0.5mm 以下，小于 0.2mm 的占 80% 以上），持水性高（含水量约为 25%～40%），高黏性，高灰分等特点。煤泥在运输、贮存、堆存过程中都比较困难，尤其是煤泥在堆存时易流动、易风化[8]。

据统计，中国目前已累计产生 50×10^8 t 煤矸石，形成 3000 座煤矸石山，占地约 1.5×10^4 hm^2，且仍以 3.15×10^8 t/a 的速度增加[9]。我国的山西、蒙西、陕西、宁东、陇东、贵州和新疆（以下简称七地区）是低热值煤的主产区[10]。2015 年七地区 42 个矿区（基地）共产生 1.59×10^8 t 低热值煤，其中煤矸石 7.9×10^7 t、煤泥 4.8×10^7 t、洗中煤 3.2×10^7 t。七地区中以山西省产生的低热值煤最多，为 7.1×10^7 t，约占七地区总量的 45%（见表 1-1）。

表 1-1   2015 年七地区低热值煤产量[10]

单位：10^4 t

地区	原煤产量	原煤入洗量	>1200kcal/kg 洗矸量	煤泥量	洗中煤量	低热值煤量	3500kcal/kg 燃料量
山西	95300	78800	2900	2100	2100	7100	12700
蒙西	55000	44900	2600	1200	500	4300	8700
陕西	45000	29600	1000	700	100	1800	3400
宁东	10000	8600	300	200	——	500	1100
陇东	6000	3600	100	100	——	200	400
贵州	12000	9500	400	400	300	1100	1700
新疆	30000	15700	600	100	200	900	2000
合计	253300	190700	7900	4800	3200	15900	30000

注：1cal≈4.18J。

大量堆积的煤矸石不仅浪费了宝贵的土地资源，使我国有限的土地资源更加紧缺，同时也占用了当地居民的生活和建筑用地，引发一系列自然和社会问题，而且还会引起环境污染和安全灾害。煤矸石中包括含碳物质和可燃性矿物质，长时间的堆积使煤矸石内部的矿物质被缓慢氧化而释放热量，当热量释放速率超过散发速率时就会导致其自燃。煤矸石自燃会产生大量的污染物，如 SO_2、CO_2、CO、H_2S、HF、NH_3、HCl、PAHs、苯并芘和有害重金属等，从而破坏生态环境[11]。同时，煤矸石中含粉尘物质，在堆放、运输等过程中易在空气中形成悬浮颗粒，也会造成大气的污染。煤矸石在雨雪的长期淋滤作用下，可能会造成局部地下水中 Al、Cu、Mo、Fe、总硬度和 pH 值等指标偏高而长时间、大范围地污染水体。煤矸石在物理、化学和生物的相互作用下，其中的 Zn、Cd、Cr、Cu、Pb、Hg 等重金属元素和无机盐等会迁移到附近的土壤中，并在周围植物及农作物中富集[12]。另外，矿区矸石山结构疏松，多为自然堆积而成，当矸石山堆积过高、坡度过大时，人为开挖、爆炸或暴雨侵蚀时存在着滑坡、自燃爆炸和泥石流等安全隐患，对当地居民的生命财产安全造成直接威胁[13]。

目前煤泥煤泥按用途主要分为燃烧、制备化工材料（如活性炭、分子筛、陶粒等）、农业肥料、土壤改良剂、絮凝剂等[14]。目前，煤泥综合利用的途径主要有以下 2 种：a.利用煤泥的低热值直接燃烧发电；b.通过使煤泥脱水干燥制成型煤，与中煤掺混作为锅炉燃料。

洗中煤的主要用途为低热值煤电厂掺烧燃用。煤矸石的综合利用途径除了低热值煤发电，还可以用于建筑材料及制品生产，采空区回填复垦等。煤矸石在建材方面的应用包括制砖、水泥、轻骨料、混合材料等。在生产烧结砖过程中的干燥和焙烧工艺，可充分利用煤矸石自身具有的热值，不仅节约了能源与燃料，而且制成的砖还有更好的强度和装饰性；煤矸石中含有的氧化铝等金属氧化物使其具备了一定黏土性质，因此可用来烧制水泥；工业上对轻骨料的技术要求较多，一般用来烧制轻骨料的煤矸石含碳量不能过高，多选用煤炭洗选后排出的矸石；经自燃或人工煅烧的煤矸石加入一定比例的石膏、水泥等还可以用作混合材料。实际上，煤矸石中所含的硅、铝元素决定了其在建材工业上的应用价值。另外，煤矸石可以提取化工产品，煤矸石中含有的矿物元素在化工上有一定利用价值。例如，煤矸石与硫酸反应形成的硫酸铝铁（PAFS）絮凝剂，其具有较强的吸附性能，可用来吸附脱除废水中杂质，且效果很好；工业上还经常利用 Al_2O_3 含量较多的煤矸石来制炼合金、碱式氯化铝净水剂、氢氧化铝、制造铵明矾和硫酸铝的烧结料等；也有人曾将煤矸石混合玻璃粉并加入其他添加剂制成了性能优越的泡沫玻璃。煤矸石在工程上的应用也很广泛，煤矸石中含有的活性物质具有较高的强度，常用作铁路和公路路基，其较高的抗腐蚀性能使其用于路基填料[1]。另外，利用煤矸石进行土地复垦、矿区回填等也是其工程应用之一。采煤过程破坏的土地，矿区掘井形成的塌陷区和沟谷等，可用废弃的煤矸石混合粉煤灰、山砂、高水材料等来进行充填，不仅可复垦造地，减轻耕地破坏，还能缓解煤矸石带来的环境问题[15]。

在上述低热值煤利用途径中，燃烧发电是低热值煤综合利用的主要途径，也是实现社会效益、环境效益和经济效益的有效途径，其不仅解决了低热值煤堆放所带来的环境问题，而且可以缓解我国能源紧张的局面。为了节约土地，减轻低热值煤废弃的环境危害和提高低热值煤的资源利用效率，国家在"十二五"期间出台了一系列政策促进低热值煤燃烧发电。2013 年国务院在《能源发展"十二五"规划》中指出煤矸石、煤泥和洗中煤等低热值煤资源综合利用发电要优先发展[16]。根据国家能源局的《关于促进低热值煤发电产业健康发展的通知》，到 2015 年全国低热值煤发电总装机容量要达到 76000MW，每年利用 $3×10^8$t 左右低热值煤资源[17]。据《中国资源综合利用年度报告（2014 年）》，截至 2013 年，我国低热值煤发电总装机容量达到 30000MW，发电量超过 $1.6×10^{11}$ kW·h，年消耗 $1.5×10^8$t 低热值煤，占低热值煤利用总量的 32%[18]。

山西省作为传统煤炭大省，在煤炭长期开采和洗选过程中已累计堆积了近 $17×10^8$t 煤矸石、煤泥和洗中煤等低热值煤资源[19]。利用低热值煤进行燃烧发电成为低热值煤综合利用的重要途径，其不仅解决了煤矿产区低热值煤堆放所带来的环境问题，而且可以缓解我国能源紧张的局面。为了进一步推动山西省低热值煤的有效利用，也为了推动山西综改试验区的改革，国家能源局于 2013 年 6 月委托山西省核准低热值煤发电项目，此举有力地推动了山西省低热值煤发电项目的建设。截至 2015 年，山西省全省运行的低热值煤电厂 23 个，总装机量 7315MW（约占中国低热值燃煤电厂的 1/4）；核准在建低热值煤电厂 26 个，总装机量 23310MW。"十三五"期间，山西省重点推进了 600MW 循环流化床机组的大容量低热值煤发电项目建设[20]。

1.1.2 低热值煤电厂的汞排放污染

汞（Hg），又称水银，是唯一在标准状态下呈液态，且具有严重生理毒性的重金属元素。汞的价态有单质态（Hg^0）、一价态（Hg^+）和二价态（Hg^{2+}）三种，在自然界中主要以金属汞、无机汞和有机汞三种形式存在。单质态的汞（Hg^0），即金属汞易挥发，难溶于水，具有相对比较稳定的形态，可停留在大气中长达 $0.5 \sim 2$ 年，且可在大气中长距离地迁移而形成大范围的汞污染[21]。无机汞主要有一价和二价化合物，其中二价汞（Hg^{2+}）比较稳定，在环境中普遍存在，且许多二价汞的化合物非常易溶于水。有机汞包括甲基汞、二甲基汞、苯基汞和甲氧基乙基汞等。自然界中的有机汞化合物（甲基汞和二甲基汞）不易分解，进入人体后容易被吸收而损坏全身各器官，是环境中最具毒性的形态。图 1-2 是水体中汞的循环和转化，事实上，各种形态的汞从污染源进入水体、大气和土壤等环境要素后，均可在一定条件下被甲基化而生成甲基汞和二甲基汞[22,23]。

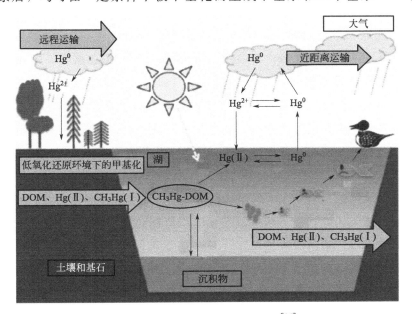

图 1-2 水体中汞的循环和转化[26]

汞通常随着食物链、呼吸或皮肤吸附进入人体，引起慢性中毒而破坏人类的中枢神经系统，严重时使人肌肉震颤，精神失常，尤其严重影响儿童的神经发育[24]。1953 年日本水俣湾发现的"水俣病"即是由于人类食用含甲基汞的鱼类而造成的甲基汞中毒事件[25]。

环境中的汞污染主要来自人为汞释放源[27,28]。汞从释放源释放出来以后，可在不同环境介质之间进行循环，并可在大气圈中进行长距离迁移，因此通过大气进行跨国界输运的汞污染已成为全球性环境问题[29]。由于汞的剧毒性以及全球污染性，国际上将汞污染控制纳入国际协议当中，2013 年 10 月 10 日，包括中国在内的 80 多个国家和地区的代表签署通过了《关于汞的水俣公约》（以下简称《汞公约》）。我国第十二届全国人民代表大会常务委员会于 2016 年 4 月 28 日批准《汞公约》，2017 年 8 月 16 日《汞公约》在中国正式生效。《汞公约》附件 D 列出了大气汞排放的重点管控源，包括燃煤电厂和燃煤工业锅炉等。2011 年 7 月发布的《火电厂大气污染物排放标准》（GB 13223—2011）规定燃煤电厂汞及其化合物排放限值为 $0.03\mathrm{mg/m^3}$，自 2015 年 1 月 1 日起施行。

燃煤电厂排放的汞是最大的人为汞释放源[30,31]。图 1-3 是 1991～2014 年煤炭燃烧和煤矸石自燃引起的汞释放。

从图 1-3 可以看出，2014 年中国燃煤电厂、工业锅炉、家用燃煤炉和煤矸石自燃排放的汞的分别为 133t±4t、100t±17t、11t±0.1t 和 47t±26t。燃煤电厂烟气中的汞主要以气态单质汞、颗粒态汞以及氧化态汞的形式存在。氧化态汞和颗粒态汞易被除尘器和湿法烟气脱硫系统脱除，即使排放到大气中，其在大气中的停留时间也较短，通常在释放源附近沉积[32,33]。气态单质汞具有较高的挥发性和较低的水溶性，极易在大气中长距离输运形成全球性的汞污染。因此气态单质汞的控制成为燃烧电厂汞污染控制的重点[34,35]。目前国际上对燃煤电厂汞的排放进行了大量的研究[36-40]，并开发了一系列燃煤烟气中汞的控制技术[41-45]。我国也投入大量的人力、物力对燃煤电厂汞的排放进行研究，在燃煤电厂汞排放因子、汞排放量的估算、烟气中汞迁移转化等方面积累了宝贵数据[46,47]，并开发了一系列有

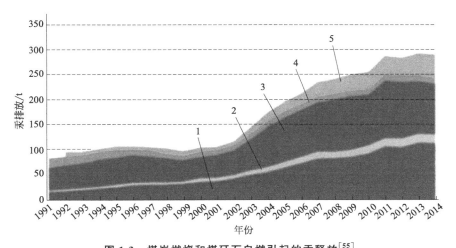

图 1-3　煤炭燃烧和煤矸石自燃引起的汞释放[55]

1—火电厂；2—供暖；3—工业（能耗）；4—国内；5—煤矸石自燃

应用前景的汞控制技术[48-54]，为我国《火电厂大气污染物排放标准》中汞排放限值的施行奠定了良好的基础。

低热值煤发电厂是我国近年来为促进废物资源化利用应运而生的产物。低热值煤发电减轻了低热值煤废弃过程中的环境危害，同时带来了经济效益和社会效益[6,56]。然而与燃煤电厂相比，低热值煤电厂运行历史较短，且均布局在大型煤矿附近，因而其对环境的污染未引起人们足够的重视。目前部分学者研究了低热值煤电厂常规污染物二氧化硫和挥发性有机化合物（VOCs）等方面的排放，促进了低热值煤电厂脱硫和挥发性有机化合物控制技术的发展[57,58]。低热值煤与煤炭相似，均由碳质有机成分和无机矿物组分组成，但其碳质含量低，无机组分含量高[59]，除含有硫氮元素外，二者均含有汞等有害元素[60]，且低热值煤中的汞含量普遍高于煤中汞含量[61]，因此，低热值煤在燃烧过程中汞的释放行为与原煤有较大差异[62,63]，低热值煤电厂的汞排放不能简单借鉴现有燃煤电厂的研究结论。燃煤电厂的汞排放受燃煤性质、锅炉装机容量及燃烧方式和污染控制设备等多个因素影响，不同电厂的汞排放千差万别[36-40]，低热值煤电厂也同样如此。目前，仅有少数学者研究了山西省平朔低热值煤电厂的汞在燃料、底灰、飞灰和石灰石中的分布，其结论对于认识低热值煤电厂的汞释放行为具有重要的参考意义[62]，但对于认清低热值煤电厂的汞排放规律远远不够。

1.2 低热值煤中汞的丰度和赋存形态

1.2.1 煤中汞的测量方法

国家标准方法和美国 EPA 法是煤中汞含量的常见测量方法。国家标准法即《煤中汞的测定方法》（GB/T 16659—2008），其原理是以五氧化二钒为催化剂，用硝酸-硫酸分解煤样，使煤中的汞转化为二价汞离子，再将汞离子还原成汞原子蒸气，然后用测汞仪测定汞的含量。美国 EPA 法中用于测量煤中汞含量的方法为 ASTM 6414 和 ASTM 7471a，该两种方法均使用王水消解煤中的汞，水浴消解的温度分别为 80℃和 95℃，消解时间较我国国家标准要短。

燃煤烟气中汞的分析方法主要分为两大类：一类是取样分析法，即湿化学分析法；另一类是在线分析法。最常见的取样分析方法是 Ontario Hydro（OHM）法[64]，该方法可有效采集和分析燃煤烟气中不同形态汞，是美国环保署（EPA）和美国能源部（DOE）等机构推荐的标准方法。如图 1-4 所示，取样系统主要由石英取样管及加热装置、过滤器（石英纤维滤纸）、一组放在冰浴中的吸收瓶、流量计和真空泵等组成。取样系统从烟气流中以 10L/min 的流量等速取样，同时沿程管线保温在 120℃以防止取样过程中发生汞蒸气的冷凝和被吸附。颗粒态汞由位于取样枪前端的石英纤维过滤器捕获，氧化态汞由 3 个装有 1mol/L KCl 溶液的吸收瓶收集，元素汞由 1 个盛有

5％ HNO₃（体积分数）、10％ H₂O₂（体积分数）和 3 个盛有 4％ KMnO₄（质量浓度）·10％ H₂SO₄（体积分数）溶液的吸收瓶收集，烟气中的水分由盛有干燥剂的吸收瓶吸收。取样结束后，最好尽快进行样品恢复，并对煤样、灰样和各吸收液样品进行消解；最后用冷蒸汽原子吸收光谱法分析测定样品中的汞浓度。OHM 法的关键是样品要有代表性，同时需配置符合美国 EPA 标准的各种化学溶液。

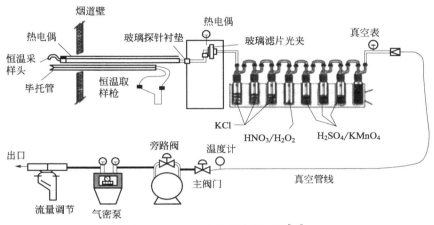

图 1-4 OHM 法的汞取样系统[64]

在线分析法（CEM）基于冷原子吸收光谱（CVAAS）和冷原子荧光光谱（CVAFS）等技术而建立[65]。其核心技术是应用汞齐化原理将汞蒸气吸附于纯金捕获器（Gold Trap）上，然后将其加热使汞蒸发，使用载气携带汞蒸气通过原子吸收或原子荧光发射光谱仪测量。由于 CEM 的测量主要基于原子吸收光谱和原子荧光光谱，而原子吸收光谱和原子荧光光谱仅能够检测零价汞，不能检测其他价态的汞。但烟气中既含有零价汞，又含有氧化态的汞，为了能够实时在线检测烟气中的氧化态汞，必须将烟气中的氧化态汞转化为零价汞后才能进行检测。因此，必须在 CEM 装置的气路中安装氧化态汞转化系统，将氧化态汞在进入检测器前转化为零价汞，以便于检测器进行检测。所以，在通常的 CEM 装置中都配套安装氧化态汞转化系统。常用的氧化态汞转化系统有湿化学法、热转化法以及固相化学法等。CEM 的优点是操作简单，可以实现在线的、实时的分析，近年来发展迅速，目前发展较为成熟的商业化在线分析装置主要有 leeman Hydra II AA、Lumex RA-915 和 Milestone DMA-80 等。

1.2.2　低热值煤中汞的丰度

我国储煤中汞的分布不均，产地不同的煤中汞含量差别较大。总的来说，我国储煤中汞含量有自北向南增加的趋势，东北地区、内蒙古自治区、山西省等地煤中汞含量比较低，西南省份如贵州省、云南省等煤中汞含量较高[66]。据 Zheng 等[67] 估算，中国绝大部分煤中汞的含量在 $100\sim300ng/g$ 之间，平均含量为 190ng/g。贵州省是我国煤中汞含量最高的区域之一，该省煤中汞含量的平均值为 552ng/g，少数矿区如贵州六枝矿区煤中汞含量达到 2670ng/g[68]。

汞是稀有的分散元素，电离势高，高电离势决定了汞有易变为原子的特性，因此汞易迁移，难富集，但煤中的汞含量相对比较富集，煤中汞的成因类型为陆源沉积型和后期热液矿化型[69]。张军营[70] 通过分析贵州黔西南地区煤中汞的成因，提出煤中汞富集的成因类型主要是低温热液矿化型和风化淋溶富集型。Ren 等[71] 认为我国贵州省西南地区高汞煤的成因主要是原始沉积煤层受到后期汞矿化热液蚀变作用的结果。

煤矸石中汞的含量差别较大，不同的煤盆地、煤阶和煤层中汞的含量不同，与煤矸石的成岩、沉积和地质有很大关系[62,72]。根据 Wang 等[73] 的研究，中国煤矸石中汞含量的平均值为 180ng/g。Zhou 等[72] 统计了中国各个省、市、自治区煤矸石的汞含量平均值，见图 1-5。

从图 1-5 可以看出，中国不同省份煤矸石中汞含量的范围为 $35\sim1350ng/g$。其中黑龙江省煤矸石中汞含量平均值最低（35ng/g），甘肃省煤矸石中汞含量平均值最高（1350ng/g），山东省煤矸石中汞含量也较高（740ng/g）。刘桂建等[74] 和冯启言等[75] 对山东兖州煤矸石的研究表明，唐村矿煤矸石山中汞含量为 1860ng/g，东滩矿煤矸

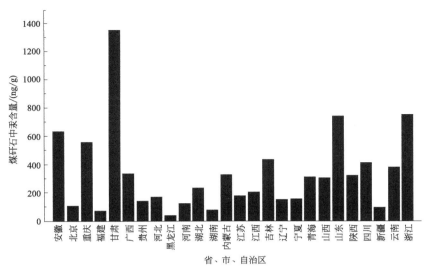

图 1-5 中国不同省、市、自治区煤矸石中汞含量[72]

石中汞含量为 650～1230ng/g。Wang 等[73] 研究了陕西省不同地区煤矸石中汞的含量，渭北煤矸石汞含量为 230ng/g，铜川煤矸石汞含量为 20ng/g，神府煤矸石汞含量为 80ng/g。

对于同一地区，不同样品中汞含量的差异也较大。Wang 等[73] 调查的山西太原煤矸石中的汞含量为 260ng/g，而 Zhai 等[63] 研究的太原煤矸石中的汞含量为 1272ng/g。张博文[61] 统计的山西阳泉煤矸石中的汞含量为 760ng/g，而 Querol 等[76] 测量的阳泉煤矸石汞含量为 400ng/g。蔡峰等[77] 计算的淮南矿区煤矸石中汞的总算术均值为 82.86ng/g，而 Zhou 等[78] 研究的淮南煤矸石汞含量为 150ng/g。

尽管不同地区煤矸石中汞含量差异较大，但低热值煤中的汞含量普遍要高于原煤中的汞含量[61]。冯立品[79] 研究了 11 个选煤厂的汞迁移特性，发现 10 个选煤厂中煤矸石中汞的富集率最高，富集率平均在 200％左右，在唐山矿中煤矸石中汞的富集率反而被降低，汞的富集程度与汞的赋存形态有关。洗中煤中的汞在 5 个选煤厂不同程度的脱除，在 6 个选煤厂富集，富集程度大部分在 40％以下。煤泥中汞不同程度地富集，富集率在 7％左右。根据冯文会[80] 的研究，山西阳泉原煤经过不同洗选工艺后，煤泥中汞的含量分别为 195.53ng/g 和 307.55ng/g，分别是原煤的 1.8 倍和 3 倍。唐跃刚等[81] 对河北开滦矿区范各庄矿原煤的洗选表明，洗中煤中汞的含量为 94ng/g，略低于原煤中的汞含量（95ng/g），而煤泥中汞的含量为 178ng/g，远高于原煤中汞的含量。Liu 等[82] 研究的河南田庄选煤厂的末中煤中汞的含量为 237.1ng/g，约为末原煤的 2 倍，块中煤中汞的含量为 149.1ng/g，接近块原煤。宋党育等[83] 的研究表明，大武口和太西洗煤厂煤泥中汞的富集率分别为 100% 和 25% 左右。Wang 等[84] 研究了安太堡洗煤厂汞的分布，洗中煤和煤泥中汞的含量分别为 230ng/g 和 694ng/g，高于原煤中汞的含量（194ng/g）。Zhang 等[62] 研究了山西平鲁煤矸石电厂的汞的迁移，燃料由煤矸石和煤泥组成，其中汞的含量为 174ng/g。

总之，在煤炭洗选过程中，相比于原煤，汞在大部分洗选煤矸石和煤泥中富集，在洗中煤中富集或脱除。

1.2.3 低热值煤中汞的赋存形态

目前研究者多采用连续化学浸取或浮沉实验法研究煤中汞的赋存形态。

（1）连续化学浸取法

连续化学浸取法是根据煤中的不同形态汞在各种化学试剂内的溶解度差异，选择化学试剂溶解煤中的不同形态汞，然后测定溶液中汞元素的含量，以确定其在煤中的赋存形态。Feng 等[85] 采用连续化学浸取法研究了贵州省 32 个煤样，采用去离子水、$NH_4Ac(pH=7)$、$NH_4Ac(pH=5)$ 和 5% HNO_3 分别浸取煤中水溶态、交换态、碳酸盐及氧化物表面结合态和有机质及硫化物结合态，结果表明煤中汞主要赋存在黄铁矿中，且黄铁矿中汞的分布不均。郑刘根等[86] 采用逐级化学法研究了淮北煤田 29 个煤中汞的赋存形态，得出有机态和硫化物结合态汞主要赋存于不受岩浆侵入影响的煤中，硅酸盐结合态汞主要赋存于受岩浆侵入影响的煤层中。Strezov 等[87] 用逐级化学提取法将煤中汞的赋存形态分为水溶态、氧化态、有机态、无机态和硫化汞态，结果表明 5 种煤样中无机态汞至少占比 80%，无机态汞主要是黄铁矿。Luo 等[88] 应用连续化学浸取法对煤进行五步浸提，将煤中汞分为 $HgCl_2$ 及碳酸盐结合态汞、有机螯合态汞、有机/硫化物结合态汞及 Hg^0、HgS 及未知形态汞和硅酸盐结合态汞，发现三个煤样中有机螯合态汞所占比例最小，两个煤样中有机/硫化物结合态汞及 Hg^0 较高，占比超过 40%；另一个煤样中 HgS 及未知形态汞含量最高，接近 60%。刘晶等[89] 应用连续化学浸取法对煤进行 4 次浸提，根据不同形态汞的溶解度，将煤中汞分为可交换态、硫化物结合态、有机物结合态和残渣态，结果表明汞在煤中主要以硫化物结合态和残渣态存在，不同煤种中汞的各种形态的含量分布不同。

（2）浮沉法

浮沉法是利用煤中有机物和无机物的密度及有机亲和力不同，把煤样分离为不同密度段来确定煤中汞的有机和无机亲和性。Feng 等利用浮沉试验把煤样划分成 $<1.4 g/cm^3$ 至 $2.8 \times 10^3 g/cm^3$ 的 10 个密度段。结果表明煤中的汞含量随着密度的增大而呈指数关系增加[85]。Strezov 等采用浮沉实验将煤样分成 $1.3 \sim 1.5 g/cm^3$ 六个不同的密度，发现煤的汞含量与密度段、黄铁矿成正相关性[87]。Luo 等采用浮沉实验煤样分成 $<1.4 g/cm^3$ 至 $>1.8 \times 10^3 g/cm^3$ 五个不同的密度，发现煤的汞含量随着密度的升高而升高，煤中汞与矿物质紧密结合[88]。Zhang 等也用浮沉法对煤中汞的赋存形态进行了研究，发现四种煤中汞与灰分在不同密度段中都存在很好的线性相关特性，煤中汞主要来源于煤中无机矿物组分[90]。

总之，煤中汞主要赋存于黄铁矿中，也可能有少部分赋存于有机组分中，但目前仍缺乏有力的证据表明煤中存在与煤大分子相结合的有机汞[70]。

对于低热值煤中汞的赋存形态，仅有部分学者对煤矸石中汞的赋存形态进行了研究。如表 1-2 所列，Zhai 等[63] 采用逐级化学提取法研究了山西省 4 种煤矸石中汞的赋存形态，将煤中汞分为硫化物结合态、硅酸盐结合态、铁锰结合态、有机结合态、可交换态和碳酸盐结合态，结果表明硫化物结合态是煤矸石中汞的主要形态，占总汞百分比为 51.49%～78.88%；其次含量多的为硅酸盐结合态，占总汞百分比为 10.32%～21.96%；可交换态汞和碳酸盐结合态汞可忽略。

表 1-2　煤矸石样品不同赋存形态汞的分布[63]

样品	可交换态汞/%	碳酸盐结合态汞/%	铁锰结合态汞/%	有机结合态汞/%	硫化物结合态汞/%	硅酸盐结合态汞/%	残留态汞/%	总汞/%
ED	0.91	38	未检出	2.41	74.22	10.32	13.85	102.09
GD	0.67	1.76	11.48	0.09	51.49	20.81	14.33	100.54
PL	0.98	0.08	6.28	0.27	78.88	18.55	9.49	114.77
TX	0.27	0.77	未检出	3.40	74.70	21.96	8.39	109.49

注：GD—宫地洗煤厂样品；ED—太原一电厂样品；PL—平鲁洗煤厂样品；TX—太原洗煤厂样品。

毛海涛[91] 采用逐级化学提取法对贵州典型矿区煤矸石中汞的赋存形态进行了研究，发现煤矸石中汞主要以残渣态存在，占总汞比例为 66.43%；其次为可氧化态汞，占总汞比例为 27.68%；弱酸提取态汞占总汞比例为 6.86%；可还原态汞所占比例较少，占总汞比例为 1.03%。

曹艳芝等[92] 研究了山西省三个不同产地煤矸石中汞的赋存形态，结果表明硫化物结合态汞占总汞的比例最高，占总汞的比例为 67.66%～72.68%；其次为残渣态汞，占总汞的比例为 23.70%～28.06%，有机结合态汞、可交换态汞、碳酸盐结合态汞和铁锰结合态汞在三个煤矸石中的分布顺序不同。

总之，部分煤矸石中汞的主要赋存形态为硫化物结合态汞，占总汞的比例大于 50%；中煤和煤泥中汞的赋存形态尚未有研究。低热值煤中汞的赋存形态决定汞在燃烧过程中可能的迁移和转化，有助于人们选择合理的方法将其在燃烧前或燃烧中有效脱除，以减轻汞对环境的污染。在低热值煤中汞的赋存形态的研究严重不足的情况下，为了建立低热值煤燃烧过程中汞的释放和转化的理论基础，还需深入系统地研究低热值煤中汞的赋存形态。

1.3 低热值煤热转化过程中汞的迁移

煤燃烧后汞在烟气中以三种形态存在，即以元素态存在的气态汞 Hg^0、以气相氧化态形式存在的氧化态汞 Hg^{2+} 和与细微颗粒物相结合的颗粒态汞 Hg(p)。燃煤电厂烟气中不同形态汞的转化受诸多因素影响，如锅炉类型与操作状况、煤的种类、组分、燃烧气氛、烟气冷却速率及停留时间和污染控制装置等。

图 1-6 为煤燃烧过程中及其烟气中汞的转化历程。

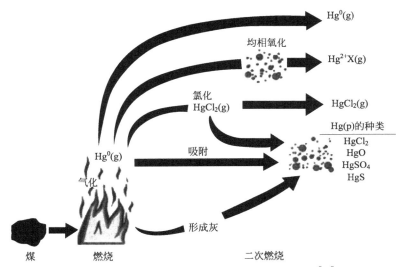

图 1-6　煤燃烧过程中及其烟气中汞的转化历程[93]

如图 1-6 所示，煤燃烧过程中，在炉膛内的高温下，因为大部分汞化合物的热力不稳定性，煤中的绝大部分汞转变成元素汞进入气相，残留在底灰中的汞比例一般小于 2%。随着烟气流经各个设备，温度降低，在氯化物、氧化物和飞灰的作用下，部分 Hg^0 发生均相氧化反应（气-气）和多相催化氧化反应（气-固），生成氧化态汞

$Hg^{2+}X(g)$，X 为 Cl_2、O 和 SO_4 等，其中以 $HgCl_2$ 为主。当温度继续下降到 130℃ 以下后，部分 Hg^0 和 $Hg^{2+}X(g)$ 被烟气中的飞灰吸附，形成颗粒态汞 $Hg(p)$[94]。未吸附的 Hg^0 具有较高的挥发性和极低的水溶性，传统污染物控制设备很难捕集，极易排放到大气中；未吸附的 $Hg^{2+}X(g)$ 比较稳定，许多 $Hg^{2+}X(g)$ 易溶于水，可以被湿式脱硫装置吸附。颗粒态汞 $Hg(p)$ 易于被除尘装置如静电除尘器（ESP）和布袋除尘器（FF）捕集。燃煤电厂汞的最终排放源为底灰、飞灰、脱硫石膏、脱硫废水和大气。

$Hg^0(g)$ 与含氯组分包括 Cl_2、HCl 和 Cl 自由基等的氯化反应是燃煤烟气中汞氧化的主要机理之一[95]。Hall 等[96] 研究了 Hg^0 在模拟烟气中的化学反应，发现 Hg^0 可以被烟气中的 $O_2(g)$、$HCl(g)$、$Cl_2(g)$ 氧化，其中 $Cl_2(g)$ 的活性比 $HCl(g)$ 更大。Cl 元素在煤燃烧过程中主要以 $HCl(g)$ 形式蒸发，$HCl(g)$ 可通过反应式（1-1）生成 $Cl_2(g)$：

$$2HCl(g) + \frac{1}{2}O_2(g) \xrightarrow{\text{催化剂}} 2Cl_2(g) + H_2O(g) \qquad (1\text{-}1)$$

烟气中其他组分如 O_2 是 Hg 的弱氧化剂，H_2O、SO_2 和 CO_2 对汞氧化起抑制作用，其中 $SO_2(g)$ 并不直接和 Hg 发生反应，而是通过反应式（1-2）消耗 Cl_2，从而使汞的氯化反应减弱，或者降低飞灰的催化活性[95]。

$$Cl_2(g) + SO_2(g) + H_2O(g) \Longrightarrow 2HCl(g) + SO_3(g) \qquad (1\text{-}2)$$

NO_2 被认为是 Hg 的弱氧化剂，NO 则可促进或抑制汞的氧化，取决于烟气中 NO 的浓度。Niksa 等[97] 的汞均相氧化模拟表明，在烟气冷却过程中 NO 的存在与否对汞的氧化率有直接影响。而 Agarwal 等[98] 的实验则表明，NO 可通过反应式（1-3）消耗 Cl_2 从而抑制汞氧化。

$$Cl_2(g) + 2NO(g) \longrightarrow 2NOCl(g) \qquad (1\text{-}3)$$

氧化态汞的还原也是烟气中汞迁移转化的一个机理。如 CO_2 对 Hg 氧化的抑制机理，可能为高浓度 CO_2 与煤或煤焦发生还原反应式（1-4）生成大量的 CO，而 CO 通过反应式（1-5）将 $HgO(s,g)$ 还原

成 $Hg^0(g)$；$HgO(s,g)$还可通过反应式(1-6) 被 $SO_2(g)$还原成 Hg^0 (g)，$HgCl_2(g)$则能通过反应式(1-7) 被炽热的铁表面还原[48]。

$$C(s)+CO_2(g)\longrightarrow 2CO(g) \tag{1-4}$$

$$HgO(s,g)+CO(g)\longrightarrow 2Hg^0(g)+CO_2(g) \tag{1-5}$$

$$HgO(s,g)+SO_2(g)\longrightarrow Hg^0(g)+SO_3(g) \tag{1-6}$$

$$3HgCl_2(g)+2Fe(s)\longrightarrow 3Hg^0(g)+2FeCl_3(g) \tag{1-7}$$

可见，烟气中的氧化物、氯化物以及飞灰表面的氧化剂和催化剂是 $Hg^0(g)$被吸附或氧化为颗粒态 $Hg(p)$和 $Hg^{2+}(g)$的重要因素[95]。

国内不少学者对低热值煤热转化过程中汞的释放行为进行了研究。Zhai 等[63] 的研究表明煤矸石中硫化物结合态汞的释放温度区间为 $400\sim600°C$；硅酸盐结合态汞释放温度区间在 $1200°C$ 以上；铁锰结合态汞的释放温度区间为 $200\sim600°C$；有机结合态汞的释放温度区间为 $200\sim400°C$；碳酸盐结合态汞的释放温度区间为 $250\sim300°C$。

Niu 等[99] 研究了煤矸石和煤泥样品在氮气气氛下热解时汞的释放特征，结果表明随温度的升高，煤矸石中大部分汞在 $650°C$前释放出来，且 Hg^{2+} 的释放率远低于 Hg^0 的释放率。煤泥的总汞释放率都在低于 $650°C$时迅速增加，高于 $650°C$时缓慢增加。煤泥的总汞释放率在整个温度区间内展示了上升的趋势。在空气气氛下，随着温度的升高，煤矸石中大部分汞在 $550°C$前释放出来，且 Hg^0 的释放率低于氮气气氛下 Hg^0 的释放率。两种煤泥的总汞释放率趋势相同，即在温度＜$500°C$时急速增加，温度＞$500°C$时缓慢增加。总汞释放率在 $200\sim600°C$温度区间迅速增加，而挥发率却在 $400\sim600°C$温度区间迅速增加。

Guo 等[100] 研究了不同热处理条件对两种煤矸石热处理过程中汞释放率的影响。结果表明在 $200°C$时，升温速率对煤矸石中的汞释放率无明显影响。在 $400°C$和 $600°C$，较快的升温速率可一定程度上促进煤矸石中汞的释放。停留时间对煤矸石热处理过程中的汞释放也有较明显作用，在 $200°C$和 $400°C$两种煤矸石中汞释放的最优停留时间为 30min；在 600℃ 时，汞释放的最优停留时间为 10min。此外，停留时间对煤矸石热处理过程汞释放的作用，一定程度上取决于煤矸石中挥发分含量，挥发分越高，停留时间对煤矸石中汞的释放促进作用越明显。

冯文会[80] 的研究表明煤泥中的汞在 250～400℃ 温度范围内大量挥发，400℃ 以后 99.8％ 的汞会挥发；煤泥燃烧时，其粒径越细，炉内停留时间越长，灰中汞含量越高。煤中掺烧煤泥，有利于飞灰对汞的吸附。

张博文[61] 对煤矸石热解和燃烧时汞的释放进行了研究，发现当热解温度超过 100℃ 后汞开始挥发，温度达到 500℃ 后煤矸石中99％ 的汞会挥发，煤矸石飞灰中的汞含量远大于煤粉飞灰中的汞含量。

Zhang[62] 对山西省朔州煤矸石电厂汞在不同燃烧产物中的分布进行了研究，发现底灰中汞低于检测限，汞几乎全部富集在飞灰中，富集因子高于 4。

总之，国内外学者对常规燃煤电厂汞的释放特征及转化机理进行了大量的研究，为燃煤电厂汞技术的开发提供了重要的基础数据和基础理论。然而，目前关于低热值煤电厂汞的排放、迁移方面的基础数据研究严重不足，制约了低热值煤电厂汞控制技术的发展。为了低热值煤电厂的汞污染物治理，同时建立我国低热值煤电厂汞的排放清单，开展实际低热值煤电厂的汞迁移规律和排放特征的相关研究十分迫切。

1.4 燃煤汞排放控制技术

燃煤电厂的汞排放控制技术分为燃烧前脱汞、燃烧中脱汞和燃烧后脱汞[94]。

1.4.1 燃烧前脱汞

1.4.1.1 煤炭洗选

煤炭洗选是较早的一种燃烧前脱汞技术。传统的煤炭洗选通过物理方法分离原煤中密度不同的有机物与无机矿物质，如跳汰技术和重介质旋流器。此外，还可利用表面物理化学性质的差异分选煤和矿物杂质，如煤炭浮选技术。煤中汞一般与黄铁矿等无机矿物质结合，洗选煤技术可脱除原煤中的大部分黄铁矿和其他矿物质，因此与黄铁矿等无机矿物质结合的汞可在煤炭洗选过程中脱除[101]。

冯新斌等[101]的研究表明：煤中平均51%的汞赋存于$>2.8\times10kg/m^3$的密度段中，赋存于这一密度段的硫化物相汞很容易通过煤炭的洗选而脱除，因此，在洗煤过程中至少可以脱除51%的汞。Luttrell等[102]的研究表明：重介选煤过程中平均44.23%的汞被脱除，泡沫浮选过程中平均58.64%的汞被脱除。Toole-O'Neila等[103]的研究表明：常规物理洗选对汞的平均脱除率在37%左右，脱除率与煤种、浮选技术和原煤中的汞含量都有很大关系。冯立品的研究表明，大部分洗煤厂的汞脱除率在40%～78%之间，在相同工艺流程下煤中汞赋存形态是影响脱汞率的关键因素，对于同一选煤厂，重介质旋流的脱汞率优于跳汰技术，详见表1-3[79]。

表 1-3　不同工艺流程与汞脱除率[79]

项目	选煤厂	汞脱除率/%	工艺流程
分级入选	田庄	42	块煤重介立轮-末煤重介旋流器-煤泥浮选
	钱家营	46.74	
	范各庄	39.17	
	吕家坨	63.18	
全级入选	老石旦	76.02	跳汰初选-重介旋流器精选-浮选工艺
	平沟	22.08	
	赵各庄	58.01	

续表

项目	选煤厂	汞脱除率/%	工艺流程
全级入选	林西	50.48	跳汰初选-重介旋流器精选-浮选工艺
	唐山矿	−35	三产品重介旋流器-浮选工艺
	屯兰	51.04	
	公乌苏	77.59	两产品有压重介旋流主再洗-煤泥直接浮选

1.4.1.2　温和热解除汞

温和热解除汞是将煤在不损失热值的低温下隔绝空气热解，使煤中的部分汞挥发逸出并采用吸附剂捕集，从而达到煤燃烧前除汞的效果。因为脱除的这部分汞浓度高，所以相对容易处理，脱汞效率大幅度提高。

图 1-7 为温和热解工艺脱除煤中汞的示意图。

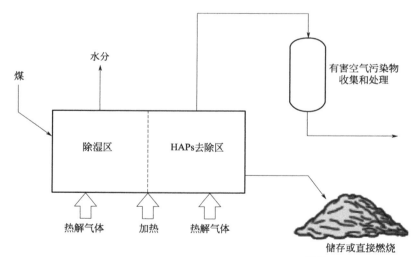

图 1-7　温和热解工艺脱除煤中汞的示意[104]

国内外很多学者利用温和热解的方法对煤燃烧前脱汞的技术进行了研究，考察了不同煤种、升温速率和气氛对煤热解过程中的汞脱除的影响。美国的西部研究所（Westerm Research Institute）最初开发了温和热解除汞技术，研究结果表明，煤中大约 70%～80% 的汞可在 150～290℃ 的温度范围热解脱除[104]。Luo 等研究了低温热解过程汞的脱除，结果表明热解温度达到 400～600℃ 才能脱除煤中黄铁矿结合态汞，通过＜400℃ 的低温热解能脱除煤种的其他赋存形态的汞，因而经济和环境友好的低温热解除汞需结合煤炭浮沉分选方法[88]。张成[94] 的研究表明，热解温度＜500℃ 可脱除大部分汞；350～400℃ 温度范围内，相比氮气气氛，4％O₂ 的微氧化性气氛能明显提高对汞的脱除率。Guffey 等[104] 研究发现煤中 70％～80％ 的汞在 150～290℃ 温度范围内脱除，剩余的 20％ 的汞需在温度达到 593℃ 时才能脱除。Guo 等[100] 的研究表明，在 200℃ 时两种煤矸石的最高脱汞率分别为 7.1％ 和 26.1％，在 400℃ 时两种煤矸石的最高脱汞率分别为 20％ 和 55％ 左右，在 10～40℃/min 的升温速率范围内，升温速率越高，脱除率越大；停留时间为 30min 时脱汞率最高，继续增加停留时间，脱汞率几乎没有变化。

1.4.2　燃烧中脱汞

煤燃烧后烟气中的二价汞化合物 $Hg^{2+}X(g)$ 可以被脱硫装置吸附，颗粒态汞 $Hg(p)$ 易被除尘装置如静电除尘器和布袋除尘器捕集。因此，可通过电厂输煤皮带加入添加剂或直接向炉膛喷射添加剂，实现煤和添加剂掺烧，促进 Hg^0 向 Hg^{2+} 和 $Hg(p)$ 转化，从而提高脱硫脱硝系统或除尘装置对汞的脱除效率。

吴辉[95] 的研究表明，悬浮燃烧方式下煤样掺烧 CaO 后，烟气中的 Hg^0 排放浓度明显降低，主要原因是 CaO 与酸性气体反应增加了颗粒物中的氯化物，促进了 Hg^0 在飞灰上的吸附氧化。Ye Z 等[105] 在 650MW 的燃煤锅炉上研究了燃煤掺烧 $CaCl_2$ 对汞脱除率的影响，发现煤中添加 $200×10^{-6}$ 氯前后，选择性催化还原脱硝装置（SCR）系统的脱汞率从 20％～30％ 增加到 76％，主要原因是 $CaCl_2$ 能增强 Hg^0 向 Hg^{2+} 和 $Hg(p)$ 转化。潘卫国等[106] 通过数值模拟和煤粉燃烧炉实验研究了煤中掺烧 NH_4Cl 对汞形态转化的影响，结果表明，Hg^0 占总汞的比例随着 NH_4Cl 添加量的增加而明显下降，氯能促进烟气中的单质汞氧化为二价汞，从而使 Hg^0 转化为 $Hg(p)$。除了氯添加剂外，燃煤掺烧溴添加剂对烟气中汞形态转化也有重要影响，一维管式沉降炉上的实验表明，燃煤中加入 $CaBr_2$ 和 $NaBr$ 后汞的氧化率均明显提高[107]。

1.4.3 燃烧后脱汞

1.4.3.1 利用现有污染控制设备

利用现有污染物控制设备如静电除尘器、布袋除尘器、选择性催化还原脱硝装置和脱硫装置对汞进行协同控制，可提高现有污染物控制装置的利用率，降低汞控制成本。

由于飞灰对汞的吸附氧化作用，静电除尘器与布袋除尘器在烟气除尘的同时也有协同除汞的作用。静电除尘器通过产生高压电场分离飞灰颗粒，一般除尘效率可达 99% 以上。在中国，90% 以上的燃煤电厂配备静电除尘器，静电除尘器可以去除烟气中以颗粒态形式存在的固相汞，但在不同锅炉中的汞脱除效率差异较大[108]。布袋除尘器利用过滤机理捕获飞灰颗粒，高比电阻粉尘尤其是细粉尘能通过布袋除尘器脱除。粉尘在滤料表面形成的滤饼可以增强飞灰对汞的吸附，并且能为单质汞的多相催化氧化提供催化介质，因此布袋除尘器的脱汞效率高于静电除尘器[109]。

静电除尘器与布袋除尘器对汞的脱除率取决于飞灰对汞的吸附效率，通常认为飞灰对汞的吸附效率受锅炉类型及操作条件、烟气中飞灰的冷凝温度、飞灰的组成和性质（未燃尽炭、比表面积和矿物质组成等）以及燃煤的化学性质等影响[62,110-112]。

湿法烟气脱硫（WFGD）一般安装在飞灰控制设备下游，利用石灰/石灰石浆液来吸收烟气中的 SO_x。因为 Hg^{2+} 易溶于水，所以 WFGD 利用石灰/石灰石浆液来吸收烟气中的 SO_x 的同时也能吸收

Hg^{2+}，但对 Hg^0 几乎没有脱除作用。另外，由于脱硫液中含有一定量的还原性离子如 HSO^{3+}，脱除的 Hg^{2+} 可能重新还原成为挥发性的汞，并重新返回到烟气中。美国的 B&W 与 URS 公司现场测试了单独 WFGD 工艺对烟气中总汞的脱除效率，发现其在 $0\sim74\%$ 范围内波动，造成波动的主要原因与烟气中 Hg^{2+} 所占的比例大小有关[113]。

选择性催化还原（SCR）可以催化氧化 Hg^0，使其转化成氧化态汞从而通过 WFGD 系统脱除，在最佳条件下某些高温催化剂如钒基、铜基和锰基等对汞的氧化率能达到 100%[114]。

Srivastava 等[115] 总结了燃煤电厂煤种及污染物控制设备组合对汞脱除效率的影响，见表 1-4，表中自身脱除效率指不利用其他脱汞方法，只有这一种脱汞技术时的脱汞效率。

表 1-4　污染物控制设备及组合的脱汞效率[115]

污染物 控制装置	安装比例/%			煤种	自身脱 除效率/%	脱除效 率范围/%
	2006 年	2010 年	2020 年			
CS-ESP	36.6	25.4	15.6	B	29	$0\sim63$
				S	3	$0\sim18$
				L	0	$0\sim2$
HS-ESP	6.2	3.9	3.2	B	11	$0\sim48$
				S	0	$0\sim27$
FF	3.9	3.6	2.4	B	89	$84\sim93$
				S	73	$53\sim87$
CS-ESP+wet FGD	13.7	11.6	10.5	B	69	$64\sim74$
				S	16	$0\sim58$
				L	42	$21\sim56$
HS-ESP+wet FGD	2.9	3.9	3.3	B	39	$6\sim54$
				S	8	$0\sim42$
FF+wet FGD	1.6	1.7	1.6	B	75	$62\sim89$
SCR+SDA+FF	0.7	0.9	1.4	B	97	$94\sim99$
				S	23	$0\sim47$
				L	17	$0\sim96$

注：B—烟煤；S—次烟煤；L—褐煤；CS-ESP—冷侧静电除尘器；HS-ESP—热侧静电除尘器；FF—布袋除尘器；wet FGD—湿法脱硫；SDA—旋转喷雾干燥法烟气脱硫；SCR—选择性催化还原。

从表 1-4 可以看出，烟煤的汞脱除效率大于其他煤种，可能是因为烟煤中的氯含量较高，且烟煤可以产生较多的未燃尽炭，而高含量的氯和未燃尽炭能促进 Hg^0 向 Hg^{2+} 和 $Hg(p)$ 的转化，从而提高脱硫系统或除尘装置对汞的脱除效率。布袋除尘器的脱汞效率高于静电除尘器，如烟煤的脱汞效率，静电除尘器只有 29%，而布袋除尘器达到了 89%。冷侧静电除尘器的汞脱除效率高于热侧静电除尘器，主要原因是热侧静电除尘器的较高温度不利于汞的吸附氧化。选择性催化还原/旋转喷雾干燥法烟气脱硫/布袋除尘器法对于烟煤的脱汞效率最高可以达到 97%，而对于低阶煤如次烟煤和褐煤则脱除效率较低。主要是因为旋转喷雾干燥法烟气脱硫能吸收烟气中的卤素如 HCl，而低阶煤中的产生卤素本身很少，减少的卤素更不利于 Hg^0 的氧化，因此汞脱除效率较低。

1.4.3.2　固体吸附剂注入

烟气中喷入活性炭来吸附气态汞是研究最为集中和成熟的脱汞技术。活性炭吸附包括吸附和扩散等物理化学过程，脱汞效果与活性炭的物理化学性质如粒径、比表面积和表面活性；吸附条件如烟气组分、反应温度、停留时间和 C/Hg 值等因素有关[116]。目前的研究规模主要为固定床小型试验和中试等。研究表明温度升高可降低活性炭的汞吸附量；最小 C/Hg 值由活性炭粒径决定；烟气中 HCl、NO_x、SO_2 等气体中不同组分和含量是 Hg^0 吸附效率的主要影响因素；在活性炭表面运用化学方法渗入硫或者碘，也可提高吸附效率[117]。

除活性炭外，未燃尽炭含量高的飞灰具有相当于活性炭等吸附剂的吸附作用[111,118]。飞灰对烟气中的汞通过吸附和化学反应两种方式进行。Hower 等[119] 通过将飞灰重新再注入烟气中来捕集燃煤烟气中的汞，并通过扫描电镜（SEM）研究飞灰的表面性质，发现飞灰表面汞富集区域与该区域的碳含量存在直接关系。

其他固体吸附剂，如沸石[120]、贵金属[121]、TiO_2[122] 等也对气态汞都具有较好的捕获作用。

目前，国外已在垃圾焚烧炉行业运用专业汞污染控制技术，鉴于燃煤烟气中汞浓度较低，控制成本较高，难度较大，国外在该领域的技术仍处于工业性试验和中试阶段，尚未大规模推广，而我国尚无专门的脱汞工业性装置。

总之，燃烧前脱汞技术如煤炭洗选应用较多，温和热解除汞和固体吸附剂注入仍在试验研究阶段。燃烧中脱汞中的掺烧石灰石等在部分电厂应用，燃烧后脱汞中的利用现有污染控制设备除汞是电厂普遍采用的汞排放控制技术。

目前，低热值煤燃烧过程中的汞脱除技术尚未有研究，为了促进低热值煤燃烧过程中汞的控制技术发展，利用和提高现有的污染物控制装置脱汞（如静电除尘器与布袋除尘器飞灰吸附/氧化汞），有必要对低热值煤飞灰对汞的吸附/氧化特性机理及影响因素进行研究。

1.5 本书的框架结构及内容特色

1.5.1 框架结构

全书共分为 8 章。

第 1 章主要综述了低热值中汞的研究背景以及研究目的和意义。

第 2 章讲述了低热值煤中汞的赋存形态与热稳定性；以洗煤厂的原煤、精煤、洗中煤、煤矸石和煤泥为研究对象，拟采用逐级化学提取法研究低热值煤中汞的赋存形态，采用程序升温热解-元素汞检测系统（TPD-AFS）研究各种赋存形态汞的热稳定性。

第 3 章讲述了煤泥热处理过程中汞的释放；针对山西省两个典型地区的煤泥，分析了不同热解条件下煤泥中汞的释放规律。采用程序升温热解-元素汞检测系统（TPD-AFS）考查不同温度和气氛下、煤泥在流化床条件下汞的释放规律和释放动力学。

第 4 章讲述了低热值煤电厂的汞迁移行为；以山西省 6 个典型的低热值煤电厂为研究对象，分析低热值煤电厂的燃料、底灰、飞灰、石灰石、脱硫石膏和烟气中汞的迁移及分布规律；计算低热值煤电厂的汞排放因子和典型污染控制装置的汞脱除效率；估算山西省低热值煤电厂汞的年排放量。

第 5 章讲述了低热值煤层燃过程中汞的释放特征；以山西省低热值煤电厂的燃料为研究对象，利用管式炉装置考查不同温度和气氛下，低热值煤层燃过程中汞的动态逸出特征和释放率。

第 6 章讲述了低热值煤飞灰对汞的吸附特性；通过 TPD-AFS 技术分析飞灰吸附 Hg^0 前后汞的赋存形态变化，直观地揭示飞灰对汞的吸附/氧化机理。拟采用气态汞吸附装置研究不同低热值煤飞灰的汞吸附特性，考查飞灰的物理化学特性、汞入口浓度、吸附温度及气氛对汞吸附/氧化能力的影响。

第 7 章为山西省低热值煤电厂汞排放估算。

第 8 章对全书进行了总结与展望。

1.5.2　内容特色

本书体系完整，内容新颖，实现了理论性和实用性的有机统一，是笔者及其团队多年来学术成果的结晶。本书采用笔者课题组前期研究过程中开发的元素汞检测系统对煤样热处理过程中产生的零价汞进行在线动态连续测试，该方法具有较好的精确度和重复性。本书囊括了从低热值煤中汞的赋存形态到控制的各个方面，研究了低热值煤主要来源选煤厂各产品中汞的赋存形态和热稳定性，获得了洗中煤、煤矸石、煤泥和原煤、精煤中各种汞赋存形态的分布及其热稳定性的异同。研究了煤泥在氮气和空气热解下 Hg^0 的释放曲线，得到了煤泥在热解过程中 Hg^0 的释放规律。研究了煤泥在 3 种气氛（氮气、空气、氧气)、3个温度(800℃、900℃、1000℃)小型流化床条件下 Hg^0 的释放,获得了煤泥燃烧过程中汞的释放规律。研究了山西省6个典型的低热值煤电厂汞的分布、汞排放因子、典型污染控制装置的汞脱除效率,揭示了山西省低热值煤电厂汞的迁移规律,建立了山西省低热值煤电厂汞的年排放量清单。研究了3个低热值电厂燃料在层燃过程中 Hg^0 的动态逸出特性,获得了低热值煤层燃过程中汞的形态转化和释放规律。采用 TPD-AFS 技术研究了低热值煤飞灰吸附 Hg^0 前后的汞赋存形态变化,揭示了飞灰对 Hg^0 的吸附/氧化特性机理,分析了飞灰吸附/氧化汞的主要影响因素;其多篇研究论文在美国化学会出版的国际能源类顶级期刊《Energy & Fuels》和《Fuel》上发表。本书为低热值煤的热处理过程中汞的释放提供了理论基础及技术路线,并为其控制指明了方向。

1.5.3 编写目的和意义

汞是环境中有害的重金属元素之一,环境中的汞污染主要来自各种人为汞排放源,控制人为汞排放源的释放可有效控制环境中汞量的增长。燃煤电厂是全球最大的人为汞释放源,其汞排放和控制已成为当今煤炭清洁利用的热点课题[42,44]。截至2013年,我国低热值煤电厂装机容量达30000MW,山西省是全国低热值煤电厂数量最多的省份,其总装机量为7315MW。与燃煤电厂相比,低热值煤电厂运行历史较短,且布局均在大型煤矿附近,因而其汞排放未引起人们足够的重视。而低热值煤具有较高的矿物质组分和较少的有机质组分,特别是具有较高的汞含量[61]。因此,低热值煤在燃烧过程中汞的释放行为与原煤有较大差异,低热值煤电厂的汞排放不能简单借鉴现有燃煤电厂的研究结论。在目前严重缺乏低热值煤电厂汞排放规律和基本数据情况下,为了促进低热值煤电厂的汞控制技术发展,还需深入系统的研究低热值煤燃烧过程中汞迁移的基本理论、规律和基础数据,开发低热值煤燃烧过程中汞的控制技术。

鉴于此,笔者以山西省典型的低热值煤及低热值煤电厂为研究对象，对洗煤厂的低热值煤中汞的赋存形态与热稳定性进行研究，为低热值煤燃烧过程中汞的释放和转化提供理论基础；调查实际低热值煤电厂的汞迁移规律和排放特征，为低热值煤电厂的汞污染物治理提供科学的理论依据，同时为我国低热值煤电厂汞排放清单的建立提供基础数据；为了深入研究低热值煤燃烧过程中汞的形态转化和释放规律，考查低热值煤电厂的燃料在不同温度和气氛下层燃过程中汞的动态逸出特征和释放率；研究低热值煤飞灰对汞的吸附/氧化特性，揭示飞灰对汞的吸附/氧化特性机理，以期促进低热值煤燃烧过程中汞的控制技术发展。以上研究可为低热值煤燃烧过程中汞释放、迁移、转化等理化过程机制奠定基础，同时可为低热值煤电厂的汞控制技术提供理论依据和实践指导。

参 考 文 献

[1]　Shang Y，Lu S，Li X，et al. Balancing development of major coal bases with available water resources in China through 2020 [J]. Applied Energy，2016，194：735-750.

[2]　中华人民共和国 2016 年国民经济和社会发展统计公报 [EB/OL]. 国家统计局，2017-2-28. http：//www. stats. gov. cn/tjsj/zxfb/201702/t20170228 _ 1467424. html.

[3]　《BP 世界能源统计年鉴》2017 版 [EB/OL]. BP，2017-6-1. https：//www. bp. com/zh _ cn/china/reports-and-publications/ _ bp _ 2017- _ . html.

[4]　Sieminski A. International Energy Outlook 2016 [M]. U. S. Energy Information Administration，Washington，DC，2016.

[5]　朱银惠，王中慧. 煤化学 [M]. 北京：化学工业出版社，2013：238.

[6]　Haibin L，Zhenling L. Recycling utilization patterns of coal mining waste in China [J]. Resources，Conservation and Recycling，2010，54（12）：1331-1340.

[7]　白洁冰. 低热值煤综合利用发电的研究 [D]. 呼和浩特：内蒙古大学，2014.

[8]　李宁，雷宏彬，田忠文，等. 煤泥资源化利用关键技术研究分析 [J]. 煤炭工程（12）：100-101.

[9]　Guo X，Ren J，Xie C，et al. A comparison study on the deoxygenation of coal mine methane over coal gangue and coke under microwave heating conditions [J]. Energy Conversion ＆ Management，2015，100：45-55.

[10]　张圆圆. 煤矸石燃烧特性及影响机制研究 [D]. 太原：山西大学，2016.

[11]　Zhao C，Luo K. Sulfur，arsenic，fluorine and mercury emissions resulting from coal-wash-

ing byproducts：A critical component of China's emission inventory ［J］. Atmospheric Environment，2017，152：270-278.

［12］ Price P，Wright I A. Water Quality Impact from the Discharge of Coal Mine Wastes to Receiving Streams：Comparison of Impacts from an Active Mine with a Closed Mine ［J］. Water Air & Soil Pollution，2016，227（5）：1-17.

［13］ Bian Z，Dong J，Lei S，et al. The impact of disposal and treatment of coal mining wastes on environment and farmland ［J］. Environmental Geology，2008，58（3）：625-634.

［14］ 闫凡飞，陈军，沈亮，等. 高灰煤泥资源化利用途径及研究现状 ［J］. 选煤技术，2021（01）：33-38.

［15］ 翟晋栋. 煤矸石中汞的赋存形态及迁移行为研究 ［D］. 太原：太原科技大学，2016.

［16］ 能源发展"十二五"规划 ［EB/OL］. 国务院，2013-1-23. http：//www. gov. cn/zwgk/2013-01/23/content_2318554. htm.

［17］ 国家能源局关于促进低热值煤发电产业健康发展的通知 ［EB/OL］. 国家能源局，2011-12-30. http：//www. nea. gov. cn/2011-12/30/c_131335980. htm.

［18］ 中国资源综合利用年度报告（2014）［R］. 北京：国家发展和改革委员会，2014.

［19］ 李凤琳. 山西力促低热值煤发电 ［N/OL］. 中国能源报，2015-7-20. http：//paper. people. com. cn/zgnyb/html/2015-07/20/content_1589716. htm.

［20］ 山西省"十三五"综合能源发展规划 ［R］. 太原：山西省人民政府，2016.

［21］ Cao Q，Yang L，Qian Y，et al. Study on mercury species in coal and pyrolysis-based mercury removal before utilization ［J］. ACS Omega，2020，5（32）：20215-20223.

［22］ Zhao H，Yang G，Mu X，et al. Recovery of Elemental Mercury from Coal-derived Flue Gas using a MoS_2-based Material ［J］. Energy Procedia，2017，142：3584-3589.

［23］ Eckley C S，Gustin M，Miller M B，et al. Scaling non-point-source mercury emissions from two active industrial gold mines：influential variables and annual emission estimates ［J］. Environmental Science & Technology，2011，45（2）：392-399.

［24］ Zhuang Y，Thompson J S，Zygarlicke C J，et al. Development of a mercury transformation model in coal combustion flue gas ［J］. Environmental Science & Technology，2004，38（21）：5803-5808.

［25］ Li P，Feng X B，Qiu G L，et al. Mercury pollution in Asia：A review of the contaminated sites ［J］. Journal of Hazardous Materials，2009，168（2-3）：591-601.

［26］ Klapstein S J，O'Driscoll N J. Methylmercury Biogeochemistry in Freshwater Ecosystems：A Review Focusing on DOM and Photodemethylation ［J］. Bulletin of Environmental Contamination & Toxicology，2018，100（1）：14-25.

[27] Tang S, Feng C, Feng X, et al. Stable isotope composition of mercury forms in flue gases from a typical coal-fired power plant, Inner Mongolia, northern China [J]. Journal of Hazardous Materials, 2017, 328: 90-97.

[28] Li Zhonggen, Chen Xufeng, Liu Wenli, et al. Evolution of four-decade atmospheric mercury release from a coal-fired power plant in North China [J]. Atmospheric environment, 2019, 213 (SEP.): 526-533.

[29] Lei C, Yufeng D, Yuqun Z, et al. Mercury transformation across particulate control devices in six power plants of China: The co-effect of chlorine and ash composition [J]. Fuel, 2007, 86 (4): 603-610.

[30] Huang Y, Deng M, Li T, et al. Anthropogenic mercury emissions from 1980 to 2012 in China [J]. Environmental Pollution, 2017, 226: 230-239.

[31] Zhang Y, Yang J, Yu X, et al. Migration and emission characteristics of Hg in coal-fired power plant of China with ultra low emission air pollution control devices [J]. Fuel Processing Technology, 2017, 158: 272-280.

[32] Laura S. Sherman J D B, Gerald J. Investigation of Local Mercury Deposition from a Coal-Fired Power Plant Using Mercury Isotopes [J]. Environmental Science & Technology, 2012, 46: 382-390.

[33] Lin C J, Gustin M S, Singhasuk P, et al. Empirical models for estimating mercury flux from soils. [J]. Environmental Science & Technology, 2010, 44 (22): 8522-8528.

[34] Zhao H, Mu X, Yang G, et al. Graphene-like MoS_2 containing adsorbents for Hg^0 capture at coal-fired power plants [J]. Applied Energy, 2017, 207: 254-264.

[35] Andrej Stergarek M H, Peter Frkal. Removal of Hg^0 from flue gases in wet FGD by catalytic oxidation with air- An experimental study [J]. Fuel, 2010, 89: 3167-3177.

[36] Sherman L S, Blum J D, Keeler G J, et al. Investigation of local mercury deposition from a coal-fired power plant using mercury isotopes [J]. Environmental Science & Technology, 2012, 46 (1): 382-390.

[37] Ye Z, Pavlish J H, Lentz N B, et al. Mercury measurement and control in a CO_2-enriched flue gas [J]. International Journal of Greenhouse Gas Control, 2011, 5 (Suppl 1): S136-S142.

[38] Rallo M, Lopez-Anton M A, Perry R, et al. Mercury speciation in gypsums produced from flue gas desulfurization by temperature programmed decomposition [J]. Fuel, 2010, 89 (8): 2157-2159.

[39] Tong S, Fan M, Mao L, et al. Sequential extraction study of stability of adsorbed mercury in chemically modified activated carbons [J]. Environmental Science & Tech-

nology，2011，45（17）：7416-21.

[40] Córdoba P，Marotovaler M，Ayora C，et al. Unusual Speciation and Retention of Hg at a Coal-Fired Power Plant [J]. Environmental Science & Technology，2012，46 （14）：7890-7897.

[41] Fuentecuesta A，Diazsomoano M，Lopezanton M A，et al. Biomass gasification chars for mercury capture from a simulated flue gas of coal combustion [J]. Journal of Environmental Management，2012，98（1）：23-28.

[42] Wade C B，Thurman C，Freas W，et al. Preparation and characterization of high efficiency modified activated carbon for the capture of mercury from flue gas in coal-fired power plants [J]. Fuel Processing Technology，2012，97（2）：107-117.

[43] Wilcox J，Rupp E，Ying S C，et al. Mercury adsorption and oxidation in coal combustion and gasification processes [J]. International Journal of Coal Geology，2012，90-91：4-20.

[44] Bilirgen H，Romero C. Mercury capture by boiler modifications with sub-bituminous coals [J]. Fuel，2012，94（1）：361-367.

[45] Hower J C，Senior C L，Suuberg E M，et al. Mercury capture by native fly ash carbons in coal-fired power plants [J]. Progress in Energy & Combustion Science，2010，36（4）：510-529.

[46] Cheng H，Hu Y. China needs to control mercury emissions from municipal solid waste （MSW） incineration [J]. Environmental Science & Technology，2010，44（21）：7994-7995.

[47] Chen J，Liu G，Kang Y，et al. Atmospheric emissions of F，As，Se，Hg，and Sb from coal-fired power and heat generation in China [J]. Chemosphere，2013，90 （6）：1925-1932.

[48] Yang S，Yan N，Guo Y，et al. Gaseous elemental mercury capture from flue gas using magnetic nanosized (Fe_3-xMn_x) $1-\delta O_4$ [J]. Environmental Science & Technology，2011，45（4）：1540-1546.

[49] Wang J，Wang W，Xu W，et al. Mercury removals by existing pollutants control devices of four coal-fired power plants in China [J]. Journal of Environmental Sciences，2011，23（11）：1839-1844.

[50] Wang J，Zhang Y，Chang L，et al. Simultaneous removal of hydrogen sulfide and mercury from simulated：syngas by iron-based sorbents [J]. Fuel，2013，103：73-79.

[51] Yan N，Chen W，Chen J，et al. Significance of RuO_2 modified SCR catalyst for elemental mercury oxidation in coal-fired flue gas [J]. Environmental Science & Tech-

nology，2011，45（13）：5725-5730.

[52] Lu R，Hou J，Xu J，et al. Effect of additives on Hg^{2+} reduction and precipitation inhibited by sodium dithiocarbamate in simulated flue gas desulfurization solutions [J]. Journal of Hazardous Materials，2011，196（1）：160-165.

[53] Yang S，Guo Y，Yan N，et al. Capture of gaseous elemental mercury from flue gas using a magnetic and sulfur poisoning resistant sorbent $Mn/\gamma-Fe_2O_3$ at lower temperatures [J]. Journal of Hazardous Materials，2011，186（1）：508-515.

[54] Li H，Wu C Y，Li Y，et al. CeO_2-TiO_2 catalysts for catalytic oxidation of elemental mercury in low-rank coal combustion flue gas [J]. Environmental Science & Technology，2011，45（17）：7394-7400.

[55] Wang S，Luo K. Atmospheric emission of mercury due to combustion of steam coal and domestic coal in China [J]. Atmospheric Environment，2017，162：45-54.

[56] Chugh Y P，Patwardhan A. Mine-mouth power and process steam generation using fine coal waste fuel [J]. Resources，Conservation and Recycling，2004，40（3）：225-243.

[57] 林国栋. 煤矸石电厂烟气脱硫方案的选择与评价 [J]. 氮肥技术，2007，28（4）：51-54.

[58] Yan Y，Yang C，Peng L，et al. Emission characteristics of volatile organic compounds from coal-，coal gangue-，and biomass-fired power plants in China [J]. Atmospheric Environment，2016，143：261-269.

[59] Magdalena Misz-Kennan M J F. Application of organic petrology and geochemistry to coal waste studies. [J]. International Journal of Coal Geology，2011，88：1-23.

[60] Li W，Chen L，Zhou T，et al. Impact of coal gangue on the level of main trace elements in the shallow groundwater of a mine reclamation area [J]. International Journal of Mining Science and Technology，2011，21（5）：715-719.

[61] 张博文. 煤矸石汞排放特性的研究 [D]. 北京：华北电力大学，2013.

[62] Zhang Y，Nakano J，Liu L，et al. Trace element partitioning behavior of coal gangue-fired CFB plant：experimental and equilibrium calculation. [J]. Environmental Science & Pollution Research，2015，22（20）：15469-15478.

[63] Zhai J，Guo S，Wei X-X，et al. Characterization of the Modes of Occurrence of Mercury andTheir Thermal Stability in Coal Gangues [J]. Energy & Fuels，2015，29（12）：8239-8245.

[64] ASTM D6784-16.

[65] Won J H，Lee J Y，Chung D，et al. Design and production of Hg^0 calibrator，Hg^{2+} calibrator，and Hg^{2+} to Hg^0 converter for a continuous Hg emission monitor [J].

Journal of Industrial & Engineering Chemistry，2013，19（5）：1560-1565.

[66] 张静静，郑娜，周秋红，等.内蒙古自治区原煤中汞含量分布及燃煤大气汞排放量估算[J].环境化学，2014，33（9）：1613-1614.

[67] Zheng L，Liu G，Chou C L. The distribution，occurrence and environmental effect of mercury in Chinese coals [J]. Science of the Total Environment，2007，384（1）：374-383.

[68] 冯新斌，洪业汤，倪建宇，等.贵州煤中汞的分布、赋存状态及对环境的影响[J].煤田地质与勘探，1998，（2）：12-14.

[69] 周义平.老厂矿区煤中汞的成因类型和赋存状态[J].煤田地质与勘探，1994（3）：17-22.

[70] 张军营，任德贻，许德伟，等.煤中汞及其对环境的影响[J].环境工程学报，1999，7（3）：100-104.

[71] Ren D，Zhao F，Wang Y，et al. Distributions of minor and trace elements in Chinese coals [J]. International Journal of Coal Geology，1999，40（2-3）：109-118.

[72] Zhou C，Liu G，Fang T，et al. Atmospheric emissions of toxic elements（As，Cd，Hg，and Pb）from brick making plants in China [J]. RSC Advances，2015，5（19）：14497-14505.

[73] Wang S，Luo K，Wang X，et al. Estimate of sulfur，arsenic，mercury，fluorine emissions due to spontaneous combustion of coal gangue：An important part of Chinese emission inventories [J]. EnvironmentalPollution，2016，209：107-113.

[74] 刘桂建，杨萍玥，彭子成，等.煤矸石中潜在有害微量元素淋溶析出研究[J].高校地质学报，2001，7：449-457.

[75] 冯启言，刘桂建.兖州煤田矸石中的微量有害元素及其对土壤环境的影响[J].中国矿业，2002，11：67-69.

[76] Querol X，Izquierdo M，Monfort E，et al. Environmental characterization of burnt coal gangue banks at Yangquan，Shanxi Province，China [J]. International Journal of Coal Geology，2008，75（2）：93-104.

[77] 蔡峰，刘泽功，林柏泉，等.淮南矿区煤矸石中微量元素的研究[J].煤炭学报，2008，33：892-897.

[78] Zhou C，Liu，G，Cheng，S，et al. The environmental geochemistry of trace elements and naturally radionuclides in a coal gangue brick-making plant [J]. Scientific reports，2014，6221（4）：1-9.

[79] 冯立品.煤中汞的赋存状态和选煤过程中的迁移规律研究[D].北京：中国矿业大学，2009.

[80] 冯文会.煤泥燃烧过程中汞排放特性的研究[D].北京：华北电力大学，2012.

[81] 唐跃刚，常春祥，张义忠.河北开滦矿区煤洗选过程中 15 种主要有害微量元素的迁移和分配特征 [J].地球化学，2005，34：366-372.

[82] Liu H，Liu Y，Xu F，et al. The Emission Behavior of Mercury for Various Products of Coal Preparation [J]. Combustion Science and Technology，2011，183（5）：459-466.

[83] 宋党育，秦勇，张军营，等.西部煤中有害痕量元素的洗选脱除特性 [J].中国矿业大学学报，2006，35：255-282.

[84] Wang W，Qin Y，Song D，et al. Element geochemistry and cleaning potential of the No. 11 coal seam from Antaibao mining district [J]. Science in China Series D：Earth Sciences，2005，48（12）：2142-2154.

[85] Feng X，Hong Y. Modes of occurrence of mercury in coals from Guizhou，People's Republic of China [J]. Fuel，1999，78：1181-1188.

[86] 郑刘根，刘桂建，齐翠翠，等.淮北煤田煤中汞的赋存状态 [J].地球科学-中国地质大学学报，2007，32（2）：279-284.

[87] Strezov V，Evans T J，Ziolkowski A，et al. Mode of Occurrence and Thermal Stability of Mercury in Coal [J]. Energy & Fuels，2010，24（1）：53-57.

[88] Luo G，Ma J，Han J，et al. Hg occurrence in coal and its removal before coal utilization [J]. Fuel，2013，104：70-76.

[89] 刘晶，陆晓华.煤中痕量砷和汞的形态分析 [J].华中科技大学学报（自然科学版），2000，28（7）：71-73.

[90] Zhang C，Chen G，Yang T，et al. An Investigation on Mercury Association in an Alberta Sub-bituminous Coal [J]. Energy & Fuels，2007，21（2）：485-490.

[91] 毛海涛.贵州典型矿区煤矸石自然风化过程中汞的环境效应初步分析 [D].贵阳：贵州大学，2011.

[92] 曹艳芝，郭少青，翟晋栋.煤矸石中汞和砷的赋存形态研究 [J].煤田地质与勘探，2017，45：26-30.

[93] Kevin C. Galbreath C J Z. Mercury Transformations in Coal Combustion Flue Gas [J]. Fuel Processing Technology，2000，65（99）：289-310.

[94] 张成.煤中汞与矿物相关特性及燃烧前汞硫脱除的实验及机理研究 [D].武汉：华中科技大学，2009.

[95] 吴辉.燃煤汞释放及转化的实验与机理研究 [D].武汉：华中科技大学，2011.

[96] Hall B，Schager P，Lindqvist O. Chemical reactions of mercury in combustion flue gases [J]. Water Air & Soil Pollution，1991，56（1）：3-14.

[97] Niksa S，Helble J J，Fujiwara N. Kinetic modeling of homogeneous mercury oxidation：the importance of NO and H_2O in predicting oxidation in coal-derived systems

[J]. Environmental Science & Technology, 2001, 35 (18): 3701-3706.

[98] Agarwal H, Stenger, H G, Wu S, et al. Effects of H_2O, SO_2, and NO on homogeneous Hg oxidation by Cl2 [J]. Energy & Fuels, 2006, 20 (3): 1068-1075.

[99] Niu X, Guo S, Gao L, et al. Mercury Release during Thermal Treatment of Two Coal Gangues and Two Coal Slimes under N_2 and in Air [J]. Energy & Fuels, 2017, 31 (8): 8648-8654.

[100] Guo S, Niu X, Zhai J. Mercury release during thermal treatment of two Chinese coal gangues [J]. EnvironmentalScience and Pollution Research International, 2017, 24 (30): 23578-23583.

[101] 冯新斌, 洪业汤, 洪冰, 等. 煤中汞的赋存状态研究 [J]. 矿物岩石地球化学通报, 2001, 20 (2): 71-78.

[102] Luttrell G H, Kohmuench J N, Yoon R-H. An evaluation of coal preparation technologies for controlling trace element emissions [J]. Fuel Processing Technology, 2000, 65-66: 407-422.

[103] Toole-O'Neila B, Tewaltb S J, Finkelman R. B. Mercury concentration in coal-unraveling the puzzle [J]. Fuel, 1999, 78: 47-54.

[104] Guffey F D, Bland A E. Thermal pretreatment of low-ranked coal for control of mercury emissions [J]. Fuel Processing Technology, 2004, 85 (6-7): 521-531.

[105] Ye Z, Thompson J S, Zygarlicke C J, et al. Impact of calcium chloride addition on mercury transformations and control in coal flue gas [J]. Fuel, 2007, 86 (15): 2351-2359.

[106] 潘卫国, 张赢丹, 吴江, 等. 添加 NH_4Cl 对煤燃烧生成 Hg 和 NO 影响的研究 [J], 中国电机工程学报, 2009, 29 (29): 41-46.

[107] 段振亚, 黄文博, 王凤阳, 等. 溴添加对燃煤烟气汞形态转化的影响 [J]. 中国环境科学, 2015, 35 (7): 1975-1982.

[108] Wang S X, Zhang L, Li G H, et al. Mercury emission and speciation of coal-fired power plants in China [J]. Atmospheric Chemistry & Physics, 2010, 10 (3): 24051-24083.

[109] Pirrone N, Cinnirella S, Feng X, et al. Global mercury emissions to the atmosphere from anthropogenic and natural sources [J]. Atmospheric Chemistry and Physics, 2010, 10 (13): 5951-5964.

[110] Goodarzi F. Characteristics and composition of fly ash from Canadian coal-fired power plants [J]. Fuel, 2006, 85 (10-11): 1418-1427.

[111] Guo X, Chuguang Zheng, Xu M. Characterization of Mercury Emissions from a Coal-Fired Power Plant [J]. Energy & Fuels, 2007, 21 (2): 892-896.

[112] Chen B，Liu G，Sun R. Distribution and Fate of Mercury in Pulverized Bituminous Coal-Fired Power Plants in Coal Energy-Dominant Huainan City，China [J]. Archives of environmental contamination and toxicology，2016，70（4）：724-733.

[113] Stergaršek A，Horvat M，Kotnik J，et al. The role of flue gas desulphurisation in mercury speciation and distribution in a lignite burning power plant [J]. Fuel，2008，87（17）：3504-3512.

[114] 王晓刚，张益坤，丁峰，等. SCR 催化剂对汞的催化氧化研究进展 [J]. 环境科学与技术，2014，37（4）：68-73.

[115] Srivastava R K，Hutson N，Martin B，et al. Control of Mercury Emissions from Coal-Fired Electric Utility Boilers [J]. Environmental Science & Technology，2006，40（5）：1385-93.

[116] Morimoto T，Wu S，Uddin M A，et al. Characteristics of the mercury vapor removal from coal combustion flue gas by activated carbon using H_2S [J]. Fuel，2005，84（14-15）：1968-1974.

[117] Zeng H，Feng J，Guo J. Removal of elemental mercury from coal combustion flue gas by chloride-impregnated activated carbon [J]. Fuel，2004，83（1）：143-146.

[118] Goodarzi F，Reyes J，Abrahams K. Comparison of calculated mercury emissions from three Alberta power plants over a 33 week period-Influence of geological environment [J]. Fuel，2008，87（6）：915-924.

[119] Hower J C，Maroto V，Darrell N T，et al. Mercury Capture by Distinct Fly Ash Carbon Forms [J]. Energy & Fuels，2000，14（1）：224-226.

[120] Morency J. Zeolite sorbent that effectively removes mercury from flue gases [J]. Filtration & Separation，2002，39（7）：24-26.

[121] Wu S，Uddin M A，Sasaoka E. Characteristics of the removal of mercury vapor in coal derived fuel gas over iron oxide sorbents [J]. Fuel，2006，85（2）：213-218.

[122] Wu C Y，Lee T G，Tyree G，et al. Capture of Mercury in Combustion Systems by In Situ-Generated Titania Particles with UV Irradiation [J]. Environmental Engineeringence，1998，15（2）：137-148.

第 **2** 章

低热值煤中汞的赋存形态与热稳定性

煤中汞的赋存形态与热稳定性决定汞在燃烧过程中可能的迁移和转化，搞清楚煤中汞的赋存形态与热稳定性有助于人们选择合理的方法将其在燃烧前或燃烧中有效脱除，以减轻汞对环境的污染。过去几十年来，许多学者对煤中汞的赋存形态及热稳定性进行了广泛的研究[1-6]。近年来，低热值煤也引起了人们的关注。一些文献也开始报道煤矸石中汞的赋存形态与热稳定性，如煤矸石中汞的主要赋存形态为硫化物结合态汞，硫化物结合态汞释放温度区间为 $400\sim600\,℃$ [7,8]。煤矸石热解温度超过 $100\,℃$ 后汞开始挥发，温度达到 $500\,℃$ 后煤矸石中 99% 的汞会挥发[9]。但目前对于煤泥、洗中煤中汞的赋存形态和热稳定性鲜有报道，仅冯文会[10] 的研究表明煤泥中的汞在温度为 $250\sim400\,℃$ 范围内大量挥发，温度在 $400\,℃$ 以后 99.8% 的汞会挥发。低热值煤电厂的燃料主要来源于洗煤厂的煤矸石、煤泥和洗中煤等低热值煤，了解这些低热值煤中汞的赋存形态有助于深入了解低热值煤燃烧过程汞发生的一系列物理、化学反应及形态转化机理，为低热值煤燃烧过程中汞的控制提供理论基础。在洗煤过程中，低热值煤与原煤分离，它们与原煤有一些相似的特征，但矿物质、有机物和汞的含量不同[7,11,12]。深入认识洗煤厂煤矸石、煤泥、洗中煤与原煤、精煤中汞的赋存形态与热稳定的异同，可借鉴原煤、精煤中汞的研究成果，为有效预测煤矸石、煤泥和洗中煤中汞的赋存形态与热稳定性奠定一定的基础。

为此，本章以山西省官地（GD）选煤厂低热值煤（洗中煤、煤矸石、煤泥）和原煤、精煤为研究对象，采用逐级化学提取法研究了样品中汞的赋存形态，并结合 TPD-AFS 技术研究了各种赋存形态汞的热稳定性。

2.1 材料和方法

2.1.1 样品选取

实验所用的样品为官地（GD）选煤厂的原煤、精煤、洗中煤、煤矸石和煤泥。官地选煤厂位于山西省太原市，入选的原煤是贫瘦煤。原煤经过分级破碎后，先进入主筛工艺，小粒径（≤0.5mm）经过浮选分选出煤泥，大粒径（＞0.5mm）经过三产品重介旋流器，分选出精煤（≤1.4g/cm³）、洗中煤（1.5～1.8g/cm³）和煤矸石（＞1.8g/cm³）。

按照国标《商品煤样人工采取方法》（GB 475—2008）的规定采集洗煤厂各个样品，每个样品采集 60kg。采集的样品首先利用小型颚式破碎机将其粉碎至 2mm 左右并混合均匀，然后用电磁制样粉碎机磨碎后过 200 目筛。在 80℃下将煤样烘干后，用自封袋保存于干燥皿内备用。

样品的工业分析与元素分析见表 2-1。

表 2-1　煤样工业分析、元素分析与汞含量

煤样	工业分析[①]			元素分析[①]					$Q_{net,ad}$ /(MJ/kg)	Hg /(ng/g)
	M	A	V	C	H	N	S	O[②]		
原煤	0.62	23.08	12.86	67.66	3.32	0.98	1.10	3.24	24.66	239.33
精煤	0.61	13.08	11.83	78.08	3.53	1.08	1.15	2.47	30.08	130.25
洗中煤	0.57	22.67	12.28	68.12	3.23	0.94	0.94	3.53	25.83	145.50
煤矸石	0.57	72.12	10.29	17.96	1.56	0.28	1.87	5.64	5.68	654.00
煤泥	0.58	35.30	11.84	55.46	2.86	0.84	1.37	3.59	21.23	314.25

①空气干燥基；②差减法。

注：M—水分；A—灰分；V—挥发分；$Q_{net,ad}$—低位发热量。

2.1.2 逐级化学提取

目前煤中汞的赋存形态的研究方法主要分为浮沉法和逐级化学提取法[3,7,13,14]。

（1）浮沉法

浮沉法是利用煤中有机物和无机物的密度及有机亲和力不同，把煤样分离为不同密度段来确定煤中汞元素的有机和无机亲和性。由于官地洗煤厂的主选设备为重介旋流器，精煤、洗中煤和煤矸石主要根据密度不同进行分选，再利用浮沉法确定样品中不同密度段的汞分布已无意义。同时低热值煤中矿物质组分高，汞主要赋存于矿物质中[7]。因此，本章对官地洗煤厂产品中汞的赋存形态采用逐级化学提取法研究，参照《煤中矿物质的测定方法》（GB/T 7560—2001），用 HCl、HF 和稀 HNO_3 脱除煤中部分矿物质[3]，溶解在 HCl、HF 和 HNO_3 溶液中的汞分别命名为盐酸可溶态汞、硅酸盐结合态汞和黄铁矿结合态汞。

（2）逐级化学提取法

逐级化学提取的详细步骤如下：将 5g 煤样用 50mL HCl 溶液（5mol/L）溶解；然后在 60℃下振荡 2h，提取液通过离心机以转速 4000r/min 离心 20min；离心得到的上清液用 5% 的 HNO_3 稀释定容以测定其中的汞含量，固体煤样用蒸馏水冲洗后在 60℃下干燥。HCl 能溶解煤样中硫酸盐、碳酸盐、氧化物和磷酸盐，所以过滤煤样（标记为 step-1 煤样）中不包含盐酸可溶态汞。然后将 step-1 煤样用 HF（40%）溶解，其余步骤与上述相同。HF 可以溶解硅酸盐和铝硅酸盐，所以过滤煤样（标记为 step-2 煤样）不包含盐酸可溶态汞和硅酸盐结合态汞。之后，step-2 煤样用稀 HNO_3（2mol/L）溶解，然后在 45℃下搅拌 2h。其余步骤与上述相同。HNO_3 可溶解黄铁矿物，过滤煤样（标记为 step-3 煤样）不包含盐酸可溶态汞、硅酸盐结合态汞和黄铁矿结合态汞，step-3 煤样中的汞被命名为有机结合态汞。

2.1.3　热稳定性实验

本章采用程序升温热解-元素汞检测系统（TPD-AFS）对煤样热解过程中产生的零价汞进行在线连续测试，该方法具有较好的精确度和重复性[4]。反应装置如图 2-1 所示，利用固定床反应装置对煤样进行程序升温热解，反应装置由内径为 20mm 的石英管和高温管式炉组成。反应器的温度由程序温度控制器控制，反应器恒温区约100mm，气体流量由质量流量计控制。反应前整个系统首先经 N_2 吹扫大约 20min，将盛有 0.25g 煤样的石英舟放入石英管反应器中。在 N_2 流量（300mL/min）下，样品以 20℃/min 的加热速率从室温加热到 1200℃。热解产物经冷阱以冷却凝结煤热解过程中产生的焦油，气相产物直接进入原子荧光光谱仪（北京金索坤 SKⅡ系列），并通过计算机上的原子荧光光谱仪软件记录汞的连续动态释放强度。到达设定反应温度时立即将载有样品的石英舟迅速拉至反应器的冷端，在氮气流中冷却。

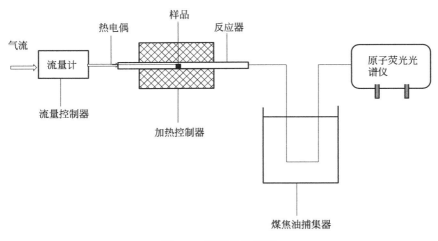

图 2-1　程序升温装置

2.1.4 总汞测定

目前煤中总汞的测定包括传统的湿化学消解测汞法和 DMA-80 直接测汞法。

（1）传统的湿化学消解测汞法

传统的湿化学消解测汞法首先通过不同的方法将煤样消解成液体，使煤样中的汞元素由固相转化成液相，进而利用相关的测试手段检测单位液体中的汞含量，再进一步转换得到煤中的汞含量的数据。该法具有谱线简单、灵敏度高、检出限低、线性范围宽和成本低等特点，适用于 $10^{-9} \sim 10^{-12}$ 级汞的测定和分析。

（2）DMA-80 直接测汞法

DMA-80 直接测汞法样品不需要消解，煤样直接在分解炉中经高温热分解，煤样中的汞元素全部转化为氧化汞蒸气，通过金汞齐将氧化汞被还原为元素汞，元素汞最后被载气带入光学池进行原子吸收测量。DMA-80 直接测汞法避免了湿化学消解测汞法的烦琐和费时，具有自动化程度高、省时省力、操作简便快捷等特点，最大检测限为 1200ng，但其结构复杂，需要使用昂贵的催化剂和一次性吸附剂[15]。

（3）微波消解-原子荧光光谱法

本章采用微波消解-原子荧光光谱法测量低热值煤和原煤、精煤中的汞含量，测量结果和 DMA-80 直接测汞法进行对比来检验可靠性。与传统的消解方法如酸液消化法、氧瓶燃烧法和氧弹燃烧法相比，微波消解法具有快速溶样、消解效果好、易于操作控制、待测元素损失小和节能等优势。本实验采用上海新仪微波化学科技有限公司的 MDS-6G 型（SMART）多通量微波消解/萃取系统对煤样消解。其原理是利用频率为 2450MHz 微波中的电磁辐射，对密封消解罐加入的消解液和试样产生介电加热，使样品在高温高压条件下快速消解。

采用微波消解仪消解样品时，不同的样品需采用不同的消解方法。本实验消解样品大部分为低热值煤，为了探索一次性消解各种煤样的方法，本实验参考了各种煤样的微波消解方法。

华中科技大学郭欣[16] 采用微波消解-原子荧光光谱法测定 4 种原煤中的汞，通过对比 3 种微波消解方法和国家标准方法，最终得出 V_2O_5-HNO_3-H_2SO_4-H_2O_2 的消解体系最优，并进行了汞的加标回收实验，测定的汞回收率范围是 $81.6\%\sim95.2\%$，证明了该方法的可靠性。

山东大学孙悦恒[17] 通过对比 5 种不同消解方法，最终确定 HNO_3：HCl：$HF=5:2:1$ 的消解体系匹配在 230℃ 高温下微波消解具有良好的消解能力，该酸体系能够对煤、石膏、底渣和飞灰进行良好的消解，主要是由于微波消解的反应温度更高，在高温下酸的氧化性更强，能够使样品中的颗粒物更充分的反应。

针对低热值煤样品矿物质含量高的特点，本书通过多次试验对比低热值煤在不同酸及比例下的微波消解效果，最终确定加入 8mL 逆王水（HNO_3：$HCl=3:1$）和 2mL HF 进行消解。低热值煤样品每次取 0.1g，所有样品的消解液清澈，无浑浊、无沉淀。微波消解设定程序见表 2-2。

表 2-2　消解实验温控程序

消解实验温控程序			
步骤	温度/℃	时间/min	功率/W
1	130	10	9
2	150	05	9
3	180	05	9
4	200	40	9

煤中总汞的分析方法包括双硫腙法、色谱法、电化学法、冷原子荧光光谱法、原子吸收光谱法和原子荧光光谱法等。消解样品中总汞采用原子荧光光谱仪进行测定，Hg 在 AFS 的检测极限<0.01ng。其原理是利用还原剂（氢氧化钾和硼氢化钾）将溶液中二价汞离子还原为零价汞，在氩气气流中零价汞被带入原子化器系统进行测量。实验前，对太原洗煤厂 5 个样品中的总汞采用微波消解-原子荧光测汞法测量，并与意大利 Milestone 公司生产的 DMA-80 测汞法进行了对

比，结果见表 2-3。

表 2-3　原子荧光光谱法与 DMA-80 法的比较

太原洗煤厂样品	原煤	精煤	洗中煤	矸石	煤泥
本实验/(ng/g)	302.25	191.75	281.25	831.25	127.00
DMA80/(ng/g)	287.00	196.00	294.15	804.10	118.40
误差/%	5.05	2.22	4.59	3.27	6.77

从表 2-3 中可以看出，二者的测量结果基本一致，最大误差在 7% 以内。

2.2　样品的总汞含量

样品的总汞含量见表 2-1。由表 2-1 可以看出，样品中汞含量的排列顺序为煤矸石＞煤泥＞原煤＞洗中煤＞精煤，该结果与大部分洗煤厂中汞的迁移规律相同[11,12,18,19]。汞在精煤和洗中煤被不同程度的脱除，在煤矸石和煤泥中富集，表明煤中汞主要赋存于无机矿物质中[11,12,18,19]。为了进一步研究样品中汞与矿物质的关系，对样品中汞与灰分进行了相关性分析，结果见图 2-2。

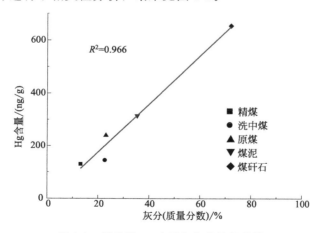

图 2-2　样品的 Hg 含量和灰分的相关性

如图 2-2 所示，样品中灰分的排列顺序也为煤矸石＞煤泥＞原煤＞洗中煤＞精煤，说明汞含量与灰分含量呈正相关，即灰分含量越多，汞含量越多。汞含量与灰分含量之间关系的回归系数为 0.966，表明煤中汞与煤中的成灰矿物质密切相关，这与其他学者的研究结果一致[1]。对于精煤、洗中煤和煤矸石，随着样品密度的增加，样品中的汞含量也随之增加，这与其他重介质选煤方法的研究结果一致[1,14]，进一步表明煤中汞主要赋存于无机矿物质中[1]。

2.3 样品中汞的赋存形态

表 2-4 为原煤、精煤、洗中煤、煤矸石和煤泥中汞的赋存形态分布。

表 2-4 样品中汞的赋存形态分布

赋存形态		原煤	精煤	洗中煤	煤矸石	煤泥
盐酸可溶态	ng/g	14.23	10.67	11.80	59.10	22.50
	%	5.95	8.19	8.11	9.51	7.16
硅酸盐结合态	ng/g	7.22	6.80	10.07	9.71	8.42
	%	3.02	5.22	6.92	1.56	2.68
黄铁矿结合态	ng/g	127.61	64.20	78.05	397.98	163.45
	%	53.32	49.29	53.64	64.07	52.01
有机结合态	ng/g	84.05	51.44	53.91	163.44	99.62
	%	35.12	39.49	37.05	26.30	31.70
可浸取的比例	%	97.40	102.20	105.73	101.45	93.55

注：表中汞的赋存形态占比为质量分数（wt%）。

如表 2-4 所列，所有样品均含有盐酸可溶态汞、硅酸盐结合态汞、黄铁矿结合态汞和有机结合态汞。总体而言，所有样品中汞的主要赋存形态为黄铁矿结合态汞，黄铁矿结合态汞占总汞的比例在精煤中最小，为 49.29%；煤矸石中最大，为 64.07%。

所有样品中有机结合态汞的含量次之，有机结合态汞在煤矸石中占比最小，为 26.30％；精煤中最大，为 39.49％。其他学者的研究表明，煤中的汞主要赋存形态为黄铁矿结合态汞[20]；其次是有机结合态汞[3,14]。所有样品中硅酸盐结合态汞的含量最小，硅酸盐结合态汞占总汞的最大比例为 5.22％。

一般而言，精煤由大量的有机物和少量的被有机质包裹的小颗粒状矿物质组成[19]。洗中煤由与有机组分紧密共/伴生、密度相对较大的小颗粒状矿物质组成[11]。煤矸石主要由密度较大的大颗粒状矿物质组成，煤泥由被解离的细小矿物碎片及有机质组成[12]。

如表 2-4 所列，煤矸石和煤泥中各种形态汞的含量均高于原煤，洗中煤中除硅酸盐结合态汞外，其余形态汞的含量均低于原煤。盐酸可溶态汞和黄铁矿结合态汞的含量在样品中的排列顺序为煤矸石＞煤泥＞原煤＞洗中煤＞精煤，这表明盐酸可溶态汞和黄铁矿结合态汞与样品中灰分正相关（表 2-1）。盐酸可溶态汞和黄铁矿结合态汞主要富集在煤矸石和煤泥中，在精煤和洗中煤被不同程度脱除，这表明盐酸可溶态汞和黄铁矿结合态汞主要结合或存在大颗粒状矿物质或矿物碎片中，可以在洗煤过程中有效脱除[19,21]。同时，部分盐酸可溶态汞和黄铁矿结合态汞以小颗粒状矿物质结合。硅酸盐结合态汞的含量最少，在样品中的顺序为洗中煤＞煤矸石＞煤泥＞原煤＞精煤。有机结合态汞的含量在样品中的排列顺序为煤矸石＞煤泥＞原煤＞洗中煤＞精煤，与样品中的有机质含量相反（表 2-1）。例如，精煤中有机质最多，有机结合态汞的含量（51.44ng/g）最小，而煤矸石的有机质最少，而有机结合态汞的含量（163.44ng/g）最大。这表明有机结合态汞可能与某些矿物质相关，有机结合态汞可能存在于被有机质包裹的矿物质中。精煤中有机结合态汞比例（约 39.49％）最大，而煤矸石中有机结合态汞比例（约 26.30％）最小，表明样品的有机结合态汞的比例与有机质含量（表 2-1）正相关。

2.4 不同赋存形态汞的热稳定性

2.4.1 原煤

图 2-3 为原煤原样中汞以及各种赋存形态汞（盐酸可溶态汞、黄铁矿结合态汞、硅酸盐结合态汞和有机结合态汞）的动态逸出曲线。

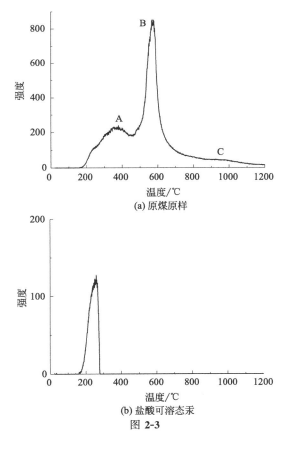

(a) 原煤原样

(b) 盐酸可溶态汞

图 2-3

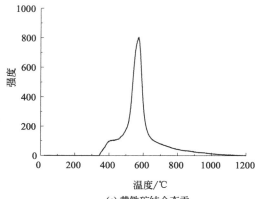

(c) 黄铁矿结合态汞

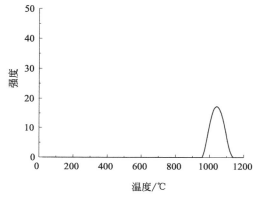

(d) 硅酸盐结合态汞

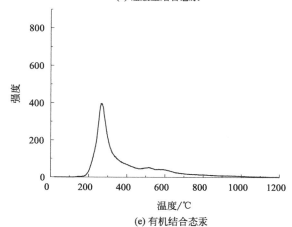

(e) 有机结合态汞

**图 2-3　原煤原样、盐酸可溶态汞、黄铁矿结合态汞、硅酸盐
结合态汞和有机结合态汞的动态逸出曲线**

低热值煤热处理过程中汞的迁移和控制

如图 2-3（a）所示，原煤样品中汞的动态逸出曲线有 3 个主峰，这表明原煤中至少存在 3 种不同赋存形态的汞。在 150～450℃时，有一个宽的重叠峰（标识为峰 A），这表明汞的赋存形态的多样性，根据文献［22-25］中标准汞化合物的热解温度范围和峰值，150～450℃释放的汞可能为无机结合态汞（氯化汞、氯化亚汞、溴化汞、硫化汞、硫酸亚汞）和有机结合态汞。此外，在 450～950℃温度范围下有另一个宽峰（标识为峰 B），峰值大约为 580℃，可能是黄铁矿结合态汞的释放所致[3,7,14]。同时，温度＞900℃时有一个小峰（标识为峰 C），可能来自硅酸盐结合态汞的释放[3,7]。

盐酸可溶态汞[图 2-3（b）]在 150～300℃的温度范围内释放，其峰值在 240℃左右，根据相关文献研究结论，可能为 $HgCl_2$、Hg_2Cl_2 或 $HgBr_2$[3,22]。这与其他报道一致，Guo[3] 的研究表明煤中盐酸可溶态汞在 200～300℃释放。对比图 2-3（b）与图 2-3（a），可以发现盐酸可溶态汞的释放温度范围位于峰 A，表明原煤原样峰 A 中包括盐酸可溶态汞的释放。

黄铁矿结合态汞[图 2-3（c）]在 350～950℃温度范围释放，在 400℃左右有一个小峰，在 580℃左右有一个尖峰，这与其他学者研究结果一致[3,14]。Luo 等[14] 发现煤中黄铁矿结合态汞的释放峰值为 500℃左右。与图 2-3（a）中的原样逸出曲线对比，可以发现黄铁矿结合态汞中小峰的温度范围位于峰 A，尖峰的温度范围位于峰 B，表明原煤原样中的峰 B 为黄铁矿结合态汞的释放，同时峰 A 中也包括部分黄铁矿结合态汞的释放。

硅酸盐结合态汞[图 2-3（d）]的释放温度为 950～1150℃，这也与其他研究一致[3,7]。Zhai 等[7] 的研究表明煤中硅酸盐结合态汞即使在 1200℃时仍有释放，说明硅酸盐结合态汞的热稳定性较强。比较图 2-3（d）和图 2-3（a）可以得出结论，原样中的峰 C[图 2-3（a）]来自硅酸盐结合态汞的释放。

图 2-3（e）显示有机结合态汞在 180℃左右释放，在 290℃左右有个主峰。对比图 2-3（a）中的原样逸出曲线，可以发现 290℃左右的主峰位于峰 A，表明原煤原样中的峰 A 中也包括部分有机结合态汞

的释放。此外，图 2-3（e）在 580℃ 左右存在一个小峰，对比图 2-3
（a）和图 2-3（c），可以发现该小峰应来自黄铁矿结合态汞的释放。这
说明部分黄铁矿结合态汞可能被包裹在有机质中，其难以直接被
HCl、HF 和 HNO$_3$ 浸取[19]。

综上所述，原煤原样中峰 A 中为盐酸可溶态汞、部分有机结合
态汞和黄铁矿结合态汞的释放，峰 B 为黄铁矿结合态汞的释放，峰 C
来自硅酸盐结合态汞的释放。

2.4.2　精煤

图 2-4 为精煤原样中汞以及各种赋存形态汞（盐酸可溶态汞、黄
铁矿结合态汞、硅酸盐结合态汞和有机结合态汞）的动态逸出曲线。

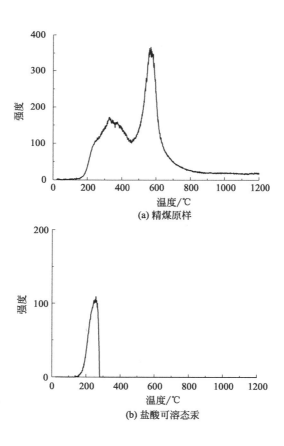

(a) 精煤原样

(b) 盐酸可溶态汞

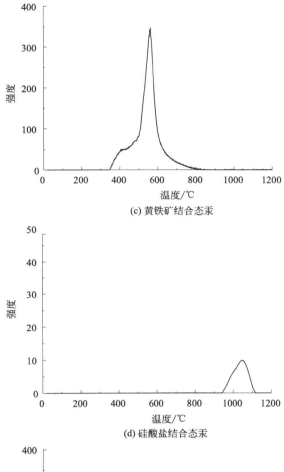

(c) 黄铁矿结合态汞

(d) 硅酸盐结合态汞

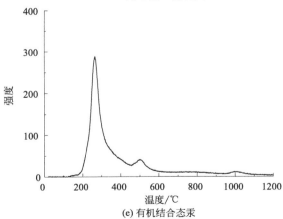

(e) 有机结合态汞

图 2-4　精煤原样、盐酸可溶态汞、黄铁矿结合态汞、硅酸盐结合

态汞和有机结合态汞的动态逸出曲线

对比图 2-4（a）与图 2-3（a）可以看出，精煤原样在温度＜900℃时汞的释放行为与原煤相似。与原煤不同的是，精煤在温度＞900℃时不存在小峰，这意味着精煤中的硅酸盐结合态汞热稳定强，难以释放。精煤中的盐酸可溶态汞［图 2-4（b）］和黄铁矿结合态汞［图 2-4（c）］的释放温度范围和峰值温度与原煤相似。然而，峰值强度明显降低，这归因于精煤中盐酸可溶态汞和黄铁矿结合态汞含量较低。图 2-4（a）显示，精煤原样中没有硅酸盐结合态汞的释放，图 2-4（d）显示了在 950～1100℃温度范围内存在硅酸盐结合态汞的释放。实际上，不仅在精煤中，其他样品（原煤、洗中煤、煤矸石和煤泥）中 HCl 浸提后样品会释放更多的硅酸盐结合态汞。笔者推测，由于硅酸盐结合态汞较高的热稳定性，其在热分解过程中不能完全释放出来。而在 HCl 浸取过程中 HCl 可以溶解煤中的一些矿物质[26]，从而使得一部分由 HCl 溶解的矿物质所包裹的硅酸盐结合态汞较易释放。对比图 2-4(e) 和图 2-3(e)，可以发现更多的有机结合态汞在580℃下释放，意味着更多的黄铁矿结合态汞被精煤中的有机质包裹。此外，在温度约 1000℃下可以看到小峰，这应该是由精煤中的有机质包裹的硅酸盐结合态汞。

2.4.3 洗中煤

图 2-5 为洗中煤原样中汞以及各种赋存形态汞（盐酸可溶态汞、黄铁矿结合态汞、硅酸盐结合态汞和有机结合态汞）的动态逸出曲线。对比图 2-5 中各分图，可以发现洗中煤原样中汞［图 2-5(a)］、盐酸可溶态汞［图 2-5(b)］、黄铁矿结合态汞［图 2-5(c)］、硅酸盐结合态汞［图 2-5(d)］和有机结合态汞［图 2-5(e)］，都与原煤有类似的释放温度范围和峰值温度。在洗煤过程中，洗中煤的密度介于精煤与煤矸石，其元素和化学组分与原煤最为接近（见表 2-1），因而各种赋存形态汞的热稳定性与原煤相似。尽管洗中煤与原煤中各种赋存形态汞的释放温度范围和峰值温度相似，但洗中煤中盐酸可溶态汞、黄铁矿结合态汞和有机结合态汞的峰值强度均低于原煤，硅酸盐结合态汞

的峰值强度高于原煤，各种赋存形态汞的释放强度与其含量成正比。

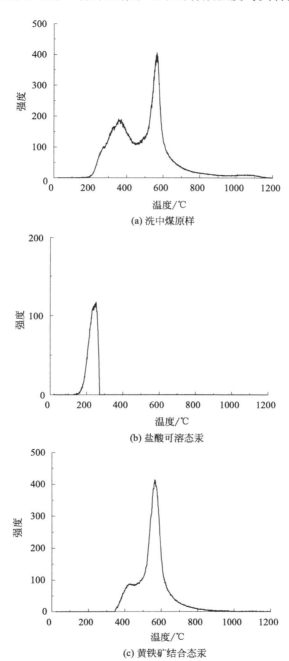

(a) 洗中煤原样

(b) 盐酸可溶态汞

(c) 黄铁矿结合态汞

图 2-5

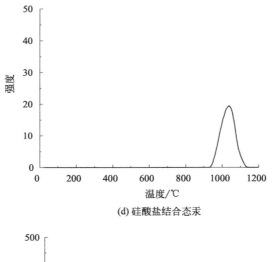

(d) 硅酸盐结合态汞

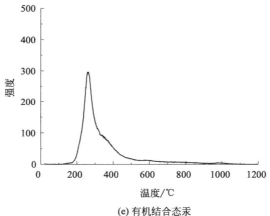

(e) 有机结合态汞

图 2-5　洗中煤原样、盐酸可溶态汞、黄铁矿结合态汞、
硅酸盐结合态汞和有机结合态汞的动态逸出曲线

2.4.4　煤矸石

图 2-6 为煤矸石原样中汞以及各种赋存形态汞（盐酸可溶态汞、黄铁矿结合态汞、硅酸盐结合态汞和有机结合态汞）的动态逸出曲线。

如图 2-6（a）所示，煤矸石原样中汞的释放温度范围和峰值温度与原煤相似。同时，盐酸可溶态汞[图 2-6（b）]、黄铁矿结合态汞[图 2-6（c）]和硅酸盐结合态汞[图 2-6（d）]也呈现与原煤相似的释放温度范围和峰值温度。然而，盐酸可溶态汞和黄铁矿结合态汞的峰值强度远高于原煤、精煤和洗中煤的峰值强度，这是因为煤矸石中盐酸可溶态汞和黄铁矿结合态汞的含量远大于其他样品。此外，硅酸盐结合态汞[图 2-6(d)]的峰值强度也高于原煤，归因于煤矸石中的硅酸盐结合态汞的含量较高。值得注意的是，在温度＞450℃时煤矸石中没有有机结合态汞的释放[图 2-6(e)]，而图 2-3(e)、图 2-4(e) 和图 2-5(e) 中可以发现，在温度＞450℃时仍存在有机结合态汞的释放。这表明在 HNO₃ 提取过程中，煤矸石中黄铁矿结合态汞和硅酸盐结合态汞完全可溶，这与煤矸石中的矿物质成分较高，而有机质较少有关（表 2-1）。与此同时，在 200℃ 左右下存在一个小峰[图 2-6(e)]，表示煤矸石中有机结合态汞的赋存形态与其他样品不同。

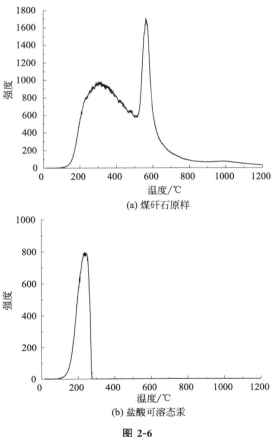

(a) 煤矸石原样

(b) 盐酸可溶态汞

图 2-6

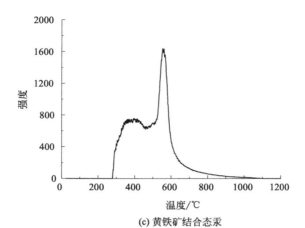

(c) 黄铁矿结合态汞

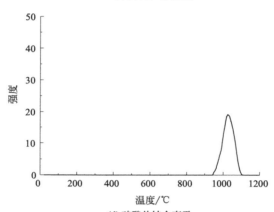

(d) 硅酸盐结合态汞

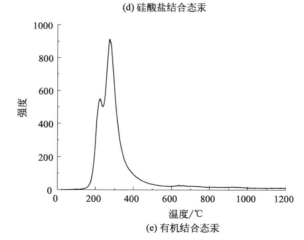

(e) 有机结合态汞

图 2-6　煤矸石原样、盐酸可溶态汞、黄铁矿结合态汞、
硅酸盐结合态汞和有机结合态汞的动态逸出曲线

2.4.5 煤泥

图 2-7 显示了煤泥原样中汞以及各种赋存形态汞（盐酸可溶态汞、黄铁矿结合态汞、硅酸盐结合态汞和有机结合态汞）的动态逸出曲线。

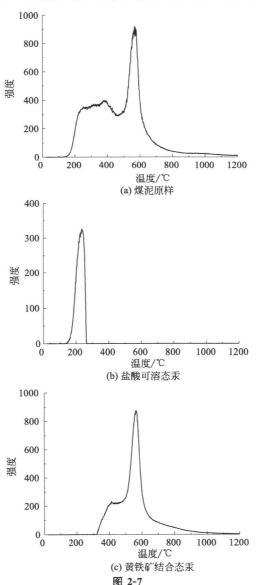

(a) 煤泥原样

(b) 盐酸可溶态汞

(c) 黄铁矿结合态汞

图 2-7

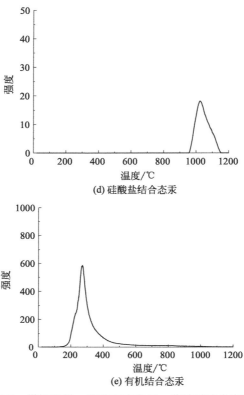

(d) 硅酸盐结合态汞

(e) 有机结合态汞

图 2-7　煤泥原样、盐酸可溶态汞、黄铁矿结合态汞、
硅酸盐结合态汞和有机结合态汞的动态逸出曲线

如图 2-7(a) 所示，在 150～450℃温度范围内存在 3 个重叠的小峰。根据上述讨论，宽峰应为盐酸可溶态汞、黄铁矿结合态汞和有机结合态汞的释放。煤泥由洗选过程中被解离的细小矿物碎片及有机质组成，煤泥组分具有各种矿物碎片及有机质的混合特性，因而其汞的赋存形态也具有混合多样性。盐酸可溶态汞[图 2-7(b)]、黄铁矿结合态汞[图 2-7(c)]和硅酸盐结合态汞[图 2-7(d)]也显示出与原煤类似的释放特征。然而，它们的峰值强度都高于原煤，这是由于盐酸可溶态汞、黄铁矿结合态汞和硅酸盐结合态汞的含量较高。与图 2-6(e) 类似，在温度＞450℃时也没有汞释放[图 2-7(e)]，这表明煤泥中的黄铁矿结合态汞和硅酸盐结合态汞较易通过逐级化学提取法浸出。

总之，所有低热值煤（洗中煤、煤矸石与煤泥）和原煤、精煤中的盐酸可溶态汞和黄铁矿结合态汞的释放温度范围和峰值温度相同，表明样品中的盐酸可溶态汞和黄铁矿结合态汞的热稳定性相似。这进一步表明，盐酸可溶态汞以及黄铁矿结合态汞的热稳定性与样品的密度或粒度无关，因为在洗煤过程中所有样品都通过密度或粒度分离。对于硅酸盐结合态汞，由于其更高的热稳定性，在原煤和低热值煤（洗中煤、煤矸石与煤泥）原样热解时不能完全释放出来，在精煤原样中几乎没有硅酸盐结合态汞的释放。在化学浸提后，不同样品中硅酸盐结合态汞都更容易释放，这意味着硅酸盐结合态汞的热稳定性受样品中的矿物质影响。对于有机结合态汞，不同样品中的有机结合态汞的释放特征和温度范围不同，表明不同样品中的有机结合态汞的组成不同。煤矸石和煤泥中有机结合态汞不包含黄铁矿结合态汞和硅酸盐结合态汞，而原煤、中煤和精煤中包含由有机质包裹的黄铁矿结合态汞和硅酸盐结合态汞。

低热值煤中的盐酸可溶态汞在 150～300℃ 的温度范围内释放，有机结合态汞大部分在温度为 150～450℃ 内释放，通过 <450℃ 的低温快速热解能脱除低热值煤中的盐酸可溶态汞和大部分有机结合态汞。黄铁矿结合态汞在温度为 350～950℃ 下释放，峰值在 400℃ 和 580℃ 左右。通过 <450℃ 的低温快速热解能脱除低热值煤中的部分黄铁矿结合态汞，黄铁矿结合态汞全部热解脱除所需的温度需达到 600℃ 左右，不仅能耗高而且高温会降低低热值煤的燃烧特性[14]。结合表 2-4 可知，通过温度 <450℃ 的低温快速热解能脱除的盐酸可溶态汞、大部分有机结合态汞和少量黄铁矿结合态汞，比例大约占总汞的 40%。

本章选取了官地洗煤厂的低热值煤（洗中煤、煤矸石、煤泥）和原煤、精煤，采用微波消解-原子荧光测汞法测量样品中的总汞，采用逐级化学提取法研究了样品中汞的赋存形态，并结合 TPD-AFS 技术研究了各种赋存形态汞的热稳定性。主要结论如下：

① 在洗煤过程中，汞在精煤和洗中煤中得到不同程度的脱除，在煤矸石和煤泥中富集，汞与样品中的成灰矿物质密切相关。

② 低热值煤均含有不同含量的盐酸可溶态汞、有机结合态汞、黄铁矿结合态汞和硅酸盐结合态汞。所有样品中汞的主要赋存形态为黄铁矿结合态汞，有机结合态汞含量次之，硅酸盐结合态汞含量最小。煤矸石和煤泥中各种形态汞的含量均高于原煤，洗中煤中除硅酸盐结合态汞外，其余形态汞的含量均低于原煤。盐酸可溶态汞和黄铁矿结合态汞的含量在样品中的顺序相同，为煤矸石＞煤泥＞原煤＞洗中煤＞精煤。盐酸可溶态汞和黄铁矿结合态汞主要结合或存在大颗粒状矿物质或矿物碎片中，可以在洗煤过程中得到有效脱除。硅酸盐结合态汞的含量最少，在样品中的顺序为洗中煤＞煤矸石＞煤泥＞原煤＞精煤。有机结合态汞的比例与样品的有机质含量有显著的正相关性。

③ 所有低热值煤中的盐酸可溶态汞在150～300℃的温度范围内释放，峰值在240℃左右；黄铁矿结合态汞在350～950℃温度范围内释放，峰值在400℃和580℃左右。低热值煤中的盐酸可溶态汞以及黄铁矿结合态汞的热稳定性相似，与样品的密度或粒度无关。硅酸盐结合态汞的释放温度为950～1150℃，由于其热稳定性较强，在原样中不能完全释放。不同低热值煤中有机结合态汞的组成不同，其热稳定性不同。通过温度＜450℃的低温快速热解能脱除低热值煤中的盐酸可溶态汞、大部分有机结合态汞和少量黄铁矿结合态汞，比例大约占总汞的40％。

参 考 文 献

[1] Zhang C，Chen G，Yang T，et al. An Investigation on Mercury Association in an Alberta Sub-bituminous Coal [J]. Energy & Fuels，2007，21（2）：485-490.

[2] Uruski L，Gorecki J，Macherzynski M，et al. The ability of Polish coals to release mercury in the process of thermal treatment [J]. Fuel Processing Technology，2015，140：12-20.

[3] Guo S，Yang J，Liu Z. Characterization of Hg in Coals by Temperature-Programmed Decomposition-Atomic Fluorescence Spectroscopy and Acid-Leaching Techniques [J]. Energy & Fuels，2012，26（6）：3388-3392.

[4] Guo S，Yang J，Liu Z. Dynamic Analysis of Elemental Mercury Released from Ther-

mal Decomposition of Coal [J]. Energy & Fuels, 2009, 23 (10): 4817-4821.

[5] Strezov V, Evans T J, Ziolkowski A, et al. Mode of Occurrence and Thermal Stability of Mercury in Coal [J]. Energy & Fuels, 2010, 24 (1): 53-57.

[6] Wichliński M, Kobyłecki R, Bis Z. The release of mercury from polish coals during thermal treatment of fuels in a fluidized bed reactor [J]. Fuel Processing Technology, 2014, 119: 92-97.

[7] Zhai J, Guo S, Wei X X, et al. Characterization of the Modes of Occurrence of Mercury and Their Thermal Stability in Coal Gangues [J]. Energy & Fuels, 2015, 29 (12): 8239-8245.

[8] 曹艳芝, 郭少青, 翟晋栋. 煤矸石中汞和砷的赋存形态研究 [J]. 煤田地质与勘探, 2017, 45: 26-30.

[9] 张博文. 煤矸石汞排放特性的研究 [D]. 北京: 华北电力大学, 2013.

[10] 冯文会. 煤泥燃烧过程中汞排放特性的研究 [D]. 北京: 华北电力大学, 2012.

[11] Wang W, Qin Y, Wei C, et al. Partitioning of elements and macerals during preparation of Antaibao coal [J]. International Journal of Coal Geology, 2006, 68 (3-4): 223-232.

[12] Wang W F, Qin Y, Wang J Y, et al. Partitioning of hazardous trace elements during coal preparation [J]. Procedia Earth & Planetary Science, 2009, 1 (1): 838-844.

[13] Feng X, Hong Y. Modes of occurrence of mercury in coals from Guizhou, People's Republic of China [J]. Fuel, 1999, 78: 1181-1188.

[14] Luo G, Ma J, Han J, et al. Hg occurrence in coal and its removal before coal utilization [J]. Fuel, 2013, 104: 70-76.

[15] 张成. 煤中汞与矿物相关特性及燃烧前汞硫脱除的实验及机理研究 [D]. 武汉: 华中科技大学, 2009.

[16] 郭欣. 煤燃烧过程中汞、砷、硒的排放与控制研究 [D]. 武汉: 华中科技大学, 2005.

[17] 孙悦恒. 改性无机矿物吸附剂对气态汞的吸附试验研究 [D]. 济南: 山东大学, 2012.

[18] 冯立品. 煤中汞的赋存状态和选煤过程中的迁移规律研究 [D]. 北京: 中国矿业大学, 2009.

[19] Wang W, Qin Y, Song D, et al. Element geochemistry and cleaning potential of the No. 11coal seam from Antaibao mining district [J]. Science in China Series D: Earth Sciences, 2005, 48 (12): 2142-2154.

[20] Dziok T, Strugała A, Rozwadowski A, et al. Studies of the correlation between mercury content and the content of various forms of sulfur in Polish hard coals [J]. Fuel, 2015, 159: 206-213.

[21] Toole-O'Neila B, Tewaltb S J, Finkelman R. B. Mercury concentration in coal-unrav-

eling the puzzle [J]. Fuel, 1999, 78: 47-54.

[22] Lopez-Anton M A, Yuan Y, Perry R, et al. Analysis of mercury species present during coal combustion by thermal desorption [J]. Fuel, 2010, 89 (3): 629-634.

[23] Biester H, Scholz C. Determination of Mercury Binding Forms in Contaminated Soils: Mercury Pyrolysis versus Sequential Extractions [J]. Environmental Science & Technology, 1997, 31 (1): 233-239.

[24] Wu S, Uddin M A, Nagano S, et al. Fundamental Study on Decomposition Characteristics of Mercury Compounds over Solid Powder by Temperature-Programmed Decomposition Desorption Mass Spectrometry [J]. Energy & Fuels, 2011, 25 (1): 144-153.

[25] Rumayor M, Lopez-Anton M A, Díaz-Somoano M, et al. A new approach to mercury speciation in solids using a thermal desorption technique [J]. Fuel, 2015, 160: 525-530.

[26] Liu R, Yang J, Yong X, et al. Fate of Forms of Arsenic in Yima Coal during Pyrolysis [J]. Energy Fuels, 2009, 23 (4): 2013-2017.

第**3**章

煤泥热处理过程中汞的释放

煤泥是煤炭洗选过程中伴生的含水半固体物，具有细粒度、低发热值、高灰分含量等特点[1]。煤泥主要被用于低热值煤电厂掺烧的原料，其不仅减轻了煤泥堆放过程中所带来的环境污染和安全灾害，而且提高了煤泥的资源利用效率。目前，我国低热值煤发电总装机容量达到 30000MW，发电量超过 $1.6 \times 10^{11} kW \cdot h$。与常规煤炭相比，煤泥中除含有硫、氮元素外，也含有汞等有害元素[2]，且煤泥中的汞含量普遍高于常规煤炭中的汞含量[3]。

汞是一种具有持久性、迁移性和高度生物富集性的有毒元素，能通过食物链的传递对人类的健康造成危害[4]。全球最大的人为汞排放源来自燃煤电厂[5,6]，煤燃烧过程中汞的排放和控制已成为当今能源清洁利用的热点课题[7,8]。因而，低热值煤燃烧过程中汞的排放也成为燃煤污染控制的重点研究方向[9,10]。为了促进低热值煤电厂汞控制技术的发展，需深入系统地研究煤泥热处理过程中汞迁移的基本理论、规律和基础数据。而了解煤泥热解过程中不同温度和气氛下汞的释放特征，有助于深入了解煤泥燃烧过程汞发生的一系列物理化学反应及形态转化机理，为煤泥燃烧前脱汞提供理论基础。

鉴于此，本章采用在线汞测试方法，以山西省低热值煤电厂中掺烧的煤泥为研究对象，利用程序升温热解-元素汞检测系统（TPD-AFS）研究了煤泥热解过程中汞的释放特征，重点考察热解气氛、升温速率、热解温度对汞释放行为的影响。利用实验室小型流化床，研究煤泥燃烧过程中汞的热转化行为差异和共性特征，以及影响煤泥热转化过程中汞迁移的关键因素。以上研究将丰富现有煤泥中汞的热转化动力学理论，同时为低热值煤电厂汞的污染物治理提供科学的理论依据，具有重要的科学意义和理论价值。

3.1 实验部分

3.1.1 样品

本实验中使用的样本取自官地洗煤厂（GD）、平鲁洗煤厂（PL）、清徐洗煤厂（QX）的煤泥，样品的采集方法、预处理和工业分析与元素分析见本书第2章。样品的工业分析与元素分析、汞含量见表3-1。

表 3-1 燃料的工业分析和元素分析

单位：%

样品	汞含量 /(ng/g)	工业分析[①]			元素分析[①]			
		M	VM	A	C	H	N	S
GD	314.25	0.58	11.84	36.30	55.46	2.86	0.84	1.37
PL	1919	0.72	13.97	69.58	21.8	1.78	0.40	0.23
QX	1111.5	0.4	15.59	66.53	18.08	1.37	0.27	8.2

①空气干燥基。
注：VM—挥发分；M—水分；A—灰分。

3.1.2 程序升温热解实验

本实验所用装置为第2章实验室小型固定床程序升温热解-元素汞检测系统（TPD-AFS），实验过程中所用的载气为空气和氮气，其余操作方式和第2章相同。

3.1.3 流化燃烧实验

本实验所用装置为实验室小型模拟流化床程序升温热解-元素汞

检测系统（TPD-AFS）（图 3-1）。首先将小型模拟流化床升温至设定温度，加入样品，煤泥在此瞬时燃烧，气相产物直接进入原子荧光光谱仪检测器（北京金索坤 SKⅡ系列），检测器响应信号原始谱图由计算机记录并处理。恒温 300s 后，停止实验，取出石英管并在氮气气氛下冷却到室温。本实验每个样品取 0.1g，燃烧温度范围为 800～1000℃，燃烧的气氛为空气、氧气和氮气，气体流速为 300mL/min。

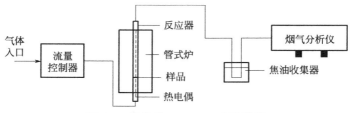

图 3-1　流化床 TPD-AFS 实验装置

3.2　不同煤泥热解过程中汞的释放

3.2.1　不同氛围下样品中汞的热解释放行为

　　PL、QX 煤泥在升温速率 20℃/min、氮气和空气气氛下 Hg^0 的瞬时动态释放曲线如图 3-2 所示。

　　由图 3-2 可见，PL、QX 煤泥样品的释放曲线呈现出不同的波峰，这表明煤泥中汞的赋存形态具有多样性。根据文献可知，在惰性气氛下释放的 Hg^0 可以反映样品中汞赋存形态的热稳定性[11]。同时，煤中汞的赋存形态可以根据其在热解过程中出现的峰值来进行判断[12]。如图 3-2(a) 和（b）所示，在氮气气氛下，两种煤泥 Hg^0 的瞬时动态释放曲线在释放温度区间 150～450℃、450～750℃、950～1150℃上都存在波峰，由第 2 章结论可知，3 个波峰对应着煤泥中 4 种不同形态的汞，分别是在 150～450℃温度范围内释放有机结合态汞和盐酸可溶态汞，在 450～750℃温度范围内释放的汞来自黄铁矿结合态汞，在 950～1150℃温度范围内释放的汞来自硅酸盐结合态汞。

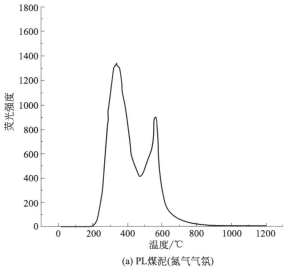

(a) PL煤泥(氮气气氛)

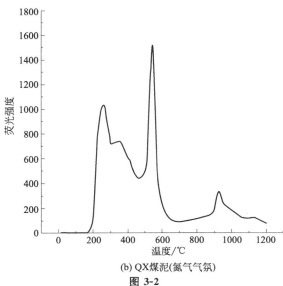

(b) QX煤泥(氮气气氛)

图 3-2

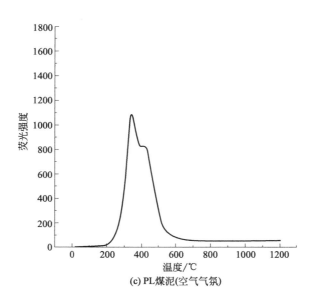

(c) PL煤泥(空气气氛)

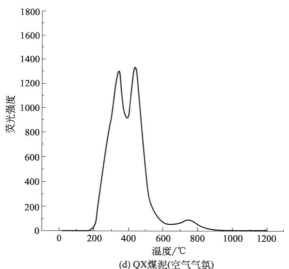

(d) QX煤泥(空气气氛)

图 3-2　两种煤泥在不同气氛下汞的瞬时动态释放曲线

由图 3-2(a) 和（b）可见，PL、QX 煤泥 Hg^0 的瞬时动态释放曲线差异较大，但是 Hg^0 大部分在 200~600℃温度范围内释放[13]。Hg^0 的瞬时动态释放温度区间基本一致，Hg^0 从 200℃左右开始释放，在 600℃左右结束释放[14]。对比在 200~400℃温度区间 Hg^0 的瞬时动态释放曲线峰值，图 3-2(a) PL 煤泥的峰值高于图 3-2(b) QX 煤泥，在 500～600℃ 温度区间 Hg^0 的瞬时动态释放曲线峰值图 3-2(a) PL 煤泥略高于图 3-2(b) QX 煤泥。在大于 900℃ 温度区间时，图 3-2(b) QX 煤泥存在一个明显的峰，而图 3-2(a) PL 煤泥只是存在上升的趋势，这说明 PL 煤泥中的硅酸盐结合态汞比 QX 煤泥的更稳定。

由图 3-2(c) 和(d) 可见，在空气气氛下，PL、QX 煤泥 Hg^0 的瞬时动态释放曲线显示出类似的温度释放区间。在空气气氛下煤泥中 Hg^0 的瞬时动态释放曲线只存在 200～500℃ 的释放温度区间，且相对于氮气气氛中 200～600℃ 温度范围更为集中。从图 3-2(c) PL 煤泥可以发现在 200～500℃ 温度区间内存在两个峰值，分别为 300℃ 左右和 400℃ 左右，而图 3-2(d) QX 煤泥在 300℃ 左右存在一个明显的峰值，400℃ 左右存在一个较不明显的肩峰。结果表明，200～500℃ 温度区间释放的煤泥在空气气氛中至少有两种存在形态的汞被释放。研究发现，不同煤样中不同赋存状态下汞的含量不同导致 Hg^0 动态释放峰值存在差异。基于相关数据的汞标准化合物热解释放特性分析，煤泥在空气氛围下释放温度峰值或肩峰为 300℃ 的汞可为无机结合态汞（氯化汞、氯化亚汞、溴化汞）和有机结合态汞[12,15]；同时，空气氛围下释放温度峰值或肩峰为 400℃ 的汞可能是黄铁矿结合汞的释放[16]。图 3-2(c) PL 煤泥在 700℃ 后存在 Hg^0 瞬时动态释放曲线逐渐增加，可能是一些包裹硅酸盐结合态汞的矿物质在空气下逐渐分解使得，与矿物质结合的汞逐渐释放[17]。

由图 3-2 可见，相同煤泥在空气和氮气氛围下的 Hg^0 瞬时动态释放曲线。在空气或氮气氛围下 Hg^0 的释放温度区间为 200～600℃。相同气氛下煤泥中 Hg^0 的动态释放温度区间基本一致，只是瞬时释放强度不同。但在不同气氛氛围下，Hg^0 在空气氛围中的释放曲线明显小于在氮气氛围中的释放曲线。主要是氮气氛围 500～600℃ 的温度释放区间在空气氛围下 500℃ 温度之前提前释放，从第 3 章可以得到在氮气氛围 500～600℃ 的温度释放区间释放的是黄铁矿结合态汞，和吴辉等[18]研究的空气氛围下 Hg^0 瞬时动态释放曲线的第 2 个释放温度从 600℃ 温度之前到 500℃ 附近。氮气气氛下，煤泥中

Hg^0 在温度为 950～1100℃ 时瞬时动态释放曲线出现了一个小的汞峰，但是这个汞峰在空气气氛中消失，并在约 700℃ 时开始释放。Luo 等[17] 研究这是由于煤泥中的某些矿物质在空气氛围中经过热分解后，会提前释放出汞，从而造成这一现象。同时，Guo 等[11] 的研究表明硅酸盐或硅铝酸盐这类矿物质可以提高煤中汞的热稳定性。随着硅酸盐或硅铝酸盐这类矿物质提前在空气氛围下热解，使得硅酸盐结合态汞也提前释放出来，从氮气氛围的 900℃ 温度左右开始释放到空气氛围下 700℃ 开始提前释放。

3.2.2　不同加热速率下样品中汞的热解释放行为

在氮气气氛，不同升温速率（5℃/min、10℃/min、20℃/min）下两种煤泥中汞的释放强度随热解温度的变化曲线如图 3-3 所示。

由图 3-3 可见，烟气中汞的释放荧光强度曲线的变化幅度不大，整体上分为 3 个温度释放区间分别是 200～450℃、450～750℃ 和 950～1150℃。由第 2 章可知这 3 个温度释放区间分别是 150～450℃ 释放的汞可能为无机结合态汞（氯化汞、氯化亚汞、溴化汞、硫化汞、硫酸亚汞）和有机结合态汞；在温度为 450～750℃ 左右时存在一个窄峰，是由于黄铁矿结合态汞释放；在温度为 950～1150℃ 左右时存在一个小峰，是由硅酸盐结合态汞释放。从上述条件可以得出在热解过程中升温速率对煤泥中不同赋存形态汞在特定温度区间释放无明显影响。翟晋栋[19] 研究不同升温速率对煤矸石中汞的释放行为，结果表明煤矸石在热解过程中升温速率对不同赋存形态汞在特定温度区间释放无明显影响。

由图 3-3 可见，升温速率分别为 5℃/min、10℃/min、20℃/min 时，PL 煤泥和 QX 煤泥煤中汞释放的总荧光强度曲线随着加热速率的增加而升高。因为煤的热解是一种吸热反应，随着加热速率的增加，煤样达到所需温度的时间缩短，有利于煤的热解，从而增加了煤的总失重，即挥发分的产率，使煤粒比表面积增大，孔隙增大，

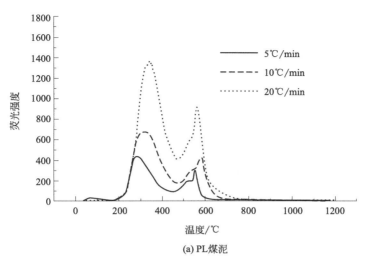

(a) PL煤泥

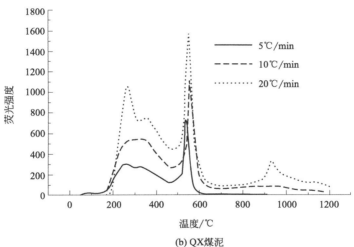

(b) QX煤泥

图 3-3　两种煤泥在不同升温速率下汞的瞬时动态释放曲线

易逸出含汞化合物，从而提高了汞的释放率。相关文献也有类似的结论，例如方蓓蓓等[20] 研究热解条件对褐煤汞析出和汞形态分布的影响，得到较高的升温速率使煤中汞的释放产生滞后作用；却同时也促进了汞的释放，快速热解可以提高汞的释放率。Liu 等[21] 在研究大同煤也得出较高的升温速率可以促进煤中汞的释放。在图 3-3(b) 中可以观察到当加热速率从 5℃/min 增加到 10℃/min，再到 20℃/min 时，在温度释放区间 950～1150℃内烟气中汞的荧光强度曲线经历了从无到有再到速增的过程，相关文献也有类似的结论。Xu 等[22] 研究亚烟煤在不同升温速率中得到：在热解过程中随着温度梯度的增大，热胀冷缩和机械膨胀之间的不匹配性增加，导致煤样孔隙间产生较大的裂缝，从而导致化学键断裂，最终促进汞释放。

同时，由图 3-3 可见，在 0～170℃温度范围内，升温速率为 5℃/min 的 PL 煤泥和 QX 煤泥中汞释放的荧光强度曲线均有一个小凸起，而升温速率为 10℃/min 和 20℃/min 的 PL 煤泥和 QX 煤泥中汞释放的荧光强度曲线均无小凸起。罗光前[23] 通过程序升温热解、浮尘分离、硝酸浸提、选择性连续浸提识别了煤中汞的赋存形态，建立了程序升温热解过程中汞释放的温度区间和汞形态的对应关系得到：在煤的燃烧过程中，煤中的 Hg^0 析出温度为 0～170℃。说明图 3-3 中升温速率为 5℃/min 的 PL 煤泥和 QX 煤泥煤中汞释放的荧光强度曲线的一小凸起，是由煤中的 Hg^0 析出；同时也可以得到，煤中的 Hg^0 析出和加热速率也存在一定的关系。在温度为 450～750℃的温度区间内，3 种加热速率下烟气中汞的荧光强度达到峰值的温度大小是：5℃/min＜20℃/min＜10℃/min。这可能是由于煤泥热解过程汞的释放强度不仅受升温速率影响，还受其他因素影响。据报道，煤热解过程中温度对汞的释放有重要的影响作用。正如上文所述，升温速率并不影响煤泥中不同赋存形态汞在特定温度区间释放。因此，在煤泥热解过程，热稳定性较高的汞只能在其特定温度区间释放。由此可知，煤泥在热处理过程汞释放率同时受升温速率和温度影响。

3.2.3 不同停留时间下样品中汞的热解释放行为

PL 煤泥和 QX 煤泥在氮气氛围升温速率为 20℃/min 下，两种煤泥在热解终温分别为 200℃、400℃、600℃下烟气中汞释放强度随时间的变化曲线如图 3-4 所示。

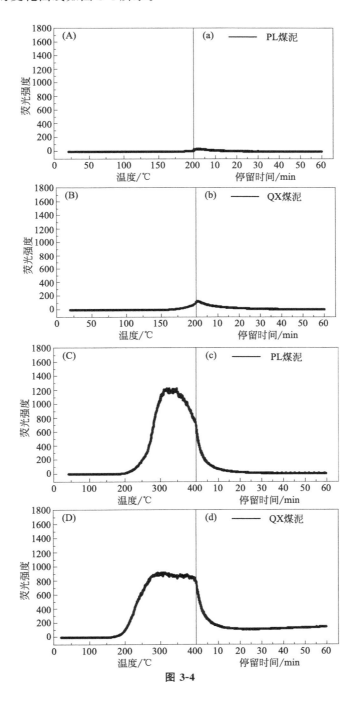

图 3-4

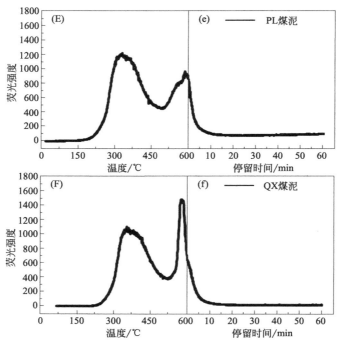

图 3-4   两种煤泥在不同停留时间汞的动态释放行为

由图 3-4 可见，图 3-4（A）、（B）、（C）为加热到典型温度烟气中汞的瞬时释放强度曲线，图 3-4（a）、（b）、（c）为在典型温度下停留 60min 的烟气中汞的瞬时释放强度曲线。在热解终温为 200℃时，PL 煤泥和 QX 煤泥的烟气中汞的荧光强度曲线虽然一直在减小，在 50min 时停止释放。说明在热解温度为 200℃时，停留时间在 50min 之内对煤泥中汞的释放有促进作用。在热解终温为 400℃时，停留时间在 25min 之内 PL 煤泥和 QX 煤泥烟气中汞的荧光强度曲线一直在减小，到 25min 左右达到最小值；说明在热解温度为 400℃时，停留时间在 25min 以内对煤泥中汞的释放有促进作用。在热解终温为 600℃时，停留时间在 10min 以内 PL 煤泥和 QX 煤泥烟气中汞的荧光强度曲线一直在减小，到 10min 左右达到最小值；说明在热解温度为 600℃时，停留时间在 10min 之内对煤泥中汞的释放有促进作用。可见，提高热解温度可以缩短汞的释放时间，这主要是由于提高热解温度可以加速汞的释放速率；同时，提高热解温度过程中汞的释放时间也在增加导致大部分汞已经释放。但是提高热解温度会增加单位时间内耗能，所以对于煤泥热解脱汞，存在一个最佳的热解温度和时间以使达到某一汞释放率时单位能耗最低[24]。因此，煤泥在热解过程中停留时间也对汞的释放起到促进作用。有关文献也得出了类似的结论[25]。

3.3 不同煤泥燃烧过程中汞的释放

PL、GD、QX 煤泥在空气气氛，800℃下元素汞的动态逸出曲线如图 3-5 所示。

由图 3-5 可见，PL、GD 和 QX 煤泥中汞的释放特征相似，均为瞬间释放达到最高值，然后逐渐降低。3 种煤泥燃烧过程中元素汞的释放量差异较大，PL 烟气中元素汞的释放量最大，GD 最小，大小顺序为 PL＞QX＞GD，对比表 3-1，可见元素汞的释放量与煤泥中汞的含量成正比。吴辉[26] 的研究表明，燃煤过程中汞的排放浓度影响因素很多，其中很重要的一个因素就是原煤的含量。考虑到煤泥中自身汞含量影响，比较了 3 种煤泥燃烧过程中元素汞的释放量与自身汞含量的比例，其中 GD 烟气中元素汞的释放比例最高，QX 最低，大小顺序为 GD＞PL＞QX。

煤燃烧过程中，由于高温条件下大部分汞化合物的热力不稳定性，绝大部分汞转变成元素汞进入气相与烟气混合，残留在底灰中汞比例一般＜2%。随着烟气流经各个设备，温度降低，在氯化物、氧化物和飞灰的作用下，部分 Hg^0 发生均相氧化反应（气-气）和多相催化氧化反应（气-固），生成氧化态汞 Hg^{2+} X(g)，X 为 Cl_2、O 和 SO_4 等，其中以 $HgCl_2$ 为主。由于不同煤种中卤素分布的不同，燃烧时产生的烟气组分的成分也会不同，从而导致了烟气中汞的形态的差异[27]。

Hg(g)与烟气中的常见组分 HCl(g)、Cl$_2$、Cl、O$_2$ 和 NO$_2$ 发生的氧化反应式如下[27,28]：

$$Hg(g)+Cl_2(g)\longrightarrow HgCl_2(s,g) \qquad (3\text{-}1)$$

$$Hg(g)+2HCl(g)\longrightarrow HgCl_2(s,g)+H_2 \qquad (3\text{-}2)$$

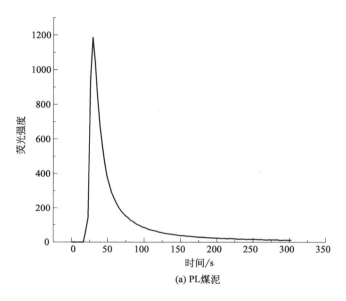

(a) PL煤泥

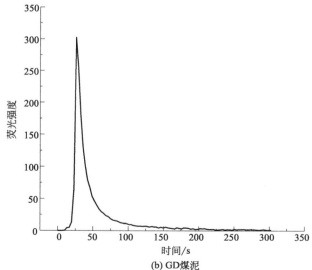

(b) GD煤泥

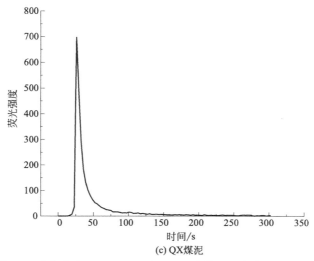

(c) QX煤泥

图 3-5　空气气氛下 PL、GD 和 QX 3 种煤泥汞的动态释放行为

$$Hg(g) + Cl \xrightarrow{催化剂} HgCl \tag{3-3}$$

$$HgCl + Cl_2 \longrightarrow HgCl_2 + Cl \tag{3-4}$$

$$HgCl + HCl \longrightarrow HgCl_2 + H \tag{3-5}$$

$$HgCl + Cl \longrightarrow HgCl_2 \tag{3-6}$$

$$2Hg(g) + O_2 \longrightarrow 2HgO(s,g) \tag{3-7}$$

$$2Hg(g) + 4HCl(g) + O_2 \longrightarrow 2HgCl_2(s,g) + 2H_2O \tag{3-8}$$

$$4Hg(g) + 4HCl(g) + O_2 \longrightarrow 4HgCl + 2H_2O \tag{3-9}$$

$$Hg(g) + NO_2 \longrightarrow NO + HgO \tag{3-10}$$

前人研究发现 $Hg^0(g)$ 可与 $Cl_2(g)$〔式（3-1）〕和 HCl（g）〔式（3-2）〕迅速反应[28]，与 $NO_2(g)$〔式（3-10）〕的反应缓慢而不予考虑[29]。反应式（3-3）中的生成物 HgCl 不稳定，而反应式（3-4）、式（3-5）和式（3-6）生成的 $HgCl_2$ 相对稳定。$HgCl_2$ 是燃煤烟气中气态二价汞的主要形式[30]，因为 $Hg^0(g)$ 可与烟气中的氯原子快速氧化，所以氯原子是烟气中 $HgCl_2$ 形成的关键因素[31]。燃煤过程 $Hg^0(g)$ 与氯原子发生氧化反应的程度取决于煤中氯元素的数量。$SO_2(g)$ 和 NO 不直接和 Hg 发生反应[27]，而是通过反应式（3-2）和式（3-3）消耗 Cl_2，从而使汞的氯化反应减弱，或者降低飞灰的催化活性。此外，溴对烟气中 Hg^0（g）也有明显的氧化作用[32,33]。

3.3.1 温度对煤泥汞迁移行为的影响

PL 煤泥在空气气氛，800℃、900℃和1000℃下元素汞的动态逸出曲线如图 3-6 所示。

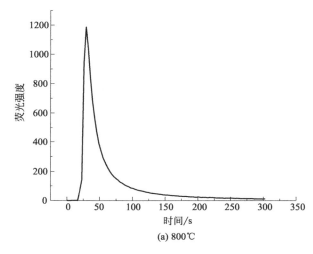

(a) 800℃

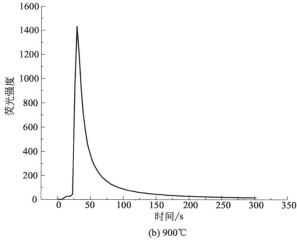

(b) 900℃

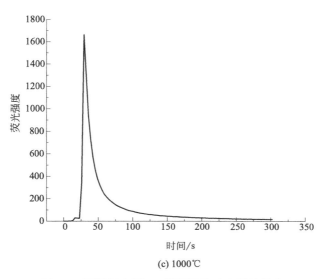

(c) 1000℃

图 3-6   不同温度下 PL 煤泥汞的动态释放行为

由图 3-6 可见，随着反应温度的升高，PL 煤泥中元素汞的瞬间释放强度增大，而峰宽度变小，说明温度对元素汞的释放强度有一定影响；随着温度提高，800℃、900℃和1000℃下元素汞的释放比例没有明显变化。

煤泥燃烧过程中 Hg^0 与氯原子发生氧化反应的程度取决于煤中氯原子的数量。燃烧温度越高，从煤中释放出来的氯原子越多。另外，动力计算表明，在燃烧过程中，随着烟气温度逐步降低，氯原子的浓度减小，而冷却速率越高，氯原子浓度降低的趋势则越缓慢[34]。根据傅立叶传热定律，假定烟气出口温度变化较小，燃烧温度越高[35]，烟气从燃烧区域向出口方向运动过程中的冷却速率就越高。本章元素汞的释放比例基本不变的原因是800℃的燃烧温度下，煤泥中的氯元素已充分释放，温度升高对氯原子释放影响较小；另外，实验中冷却管段较短或气流速率过大，导致烟气停留时间不足，Hg^0 与烟气中的其他气体组分反应不完全甚至还来不及反应。

3.3.2 燃烧气氛对煤泥汞迁移行为的影响

PL 煤泥在 800℃下，N_2、O_2 气氛下元素汞的动态逸出曲线如图 3-7 所示。

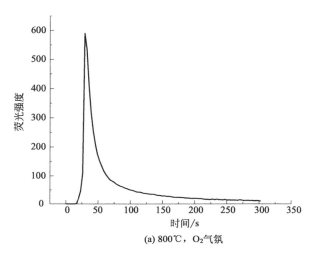

(a) 800℃，O_2气氛

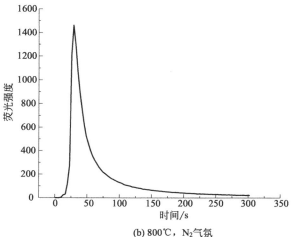

(b) 800℃，N_2气氛

图 3-7　不同气氛下 PL 煤泥汞的动态释放行为

由图 3-7 可见，N_2 和 O_2 气氛下 PL 煤泥的释放特征与空气气氛下类似，但汞瞬间释放强度、释放量差异较大。N_2 气氛下元素汞的释放比例最大，空气气氛次之，O_2 气氛最小。$Hg^0(g)$ 与含氯组分包括 Cl_2、HCl 和 Cl 自由基等的氯化反应是燃煤烟气中汞氧化的主要机理之一。Hall 等[36] 研究了 Hg^0 在模拟烟气中的化学反应，发现 Hg^0 可以被烟气中的 $O_2(g)$、$HCl(g)$、$Cl_2(g)$ 氧化，其中 Cl_2 (g) 的活性比 HCl(g) 更大。Cl 元素在煤燃烧过程中主要以 HCl(g) 形式蒸发，HCl(g) 可通过反应式（3-11）生成 $Cl_2(g)$。

$$2HCl(g) + \frac{1}{2}O_2(g) \xrightarrow{\text{催化剂}} 2Cl(g) + H_2O(g) \qquad (3-11)$$

相比空气，N_2 气氛下煤泥主要发生热解反应，Hg^0 不发生氧化反应，因此汞释放量较大。由式（3-11）可以看出，O_2 气氛下对 Hg^0 的氧化有利，使得更多 Hg^0 与 Cl_2 发生氧化反应；同时，高温条件下，O_2 对 Hg^0 有一定氧化作用。因此，O_2 气氛下发生氧化反应的程度较大，元素 Hg 的释放比例最小。

3.4 煤泥中汞的赋存形态

为了进一步研究煤泥热转化过程汞污染物的迁移机理及动力学，本章对煤泥中汞的赋存形态进行了研究，具体方法参考第 2 章。3 种煤泥在 N_2 气氛下程序升温热解过程中元素汞的动态逸出曲线如图 3-8 所示。

由图 3-8 可见，在 180～500℃时，PL 煤泥和 GD 煤泥中释放的汞有一个宽的重叠峰，这表明煤泥中汞的赋存形态的多样性[37]，根据文献 [38-41] 上汞标准化合物热解时的释放特性，峰值为 350℃，释放温度区间为 180～500℃ 的汞可能为无机结合态汞（氯化汞、氯化亚汞、溴化汞）和有机结合态汞。QX 煤泥在温度区间 180～500℃ 时有两个宽的重叠峰，根据文献上汞标准化合物热解时的释放特性[38-41]，温度区间 180～550℃ 释放的汞至少包含两种无机结合态汞（氯化汞、氯化亚汞、溴化汞）或有机结合态汞。此外，3 种煤泥在温度区间 500～900℃ 下有另一个宽峰，峰值大约在温度为 580℃，可能是黄铁矿结合态汞的释放[11,42]。Guo 等[11] 的研究表明煤中黄铁矿结合态汞的释放峰值在温度为 600℃ 左右。同时，温度＞900℃ 时，GD 煤泥和 QX 煤泥有一个小峰，可能来自硅酸盐结合态汞[11,42]。

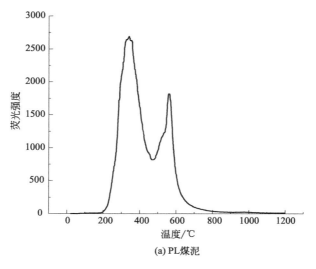

(a) PL煤泥

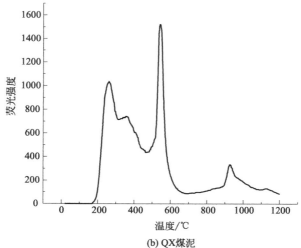

(b) QX煤泥

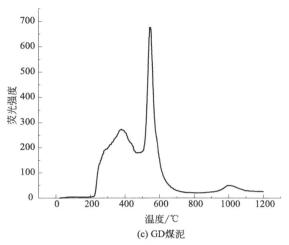

(c) GD煤泥

图 3-8 热解过程 PL、QX 和 GD 煤泥中 3 种煤泥汞的动态释放行为

结合上文，由图 3-8 可见，PL 煤泥和 QX 煤泥中，氯化汞、氯化亚汞、溴化汞或有机结合态汞是汞的主要赋存形态，黄铁矿结合态汞所占比例较小，而在 GD 煤泥中黄铁矿结合态汞为汞的主要赋存形态。相对于 GD 煤泥，PL 和 QX 煤泥燃烧时，较高的氯化汞、氯化亚汞、溴化汞或有机结合态汞比例会在烟气中形成较高浓度的氯原子或溴原子（以下简称卤族元素），高浓度的卤元素能促进 $Hg^0(g)$ 的氧化，所以 PL 煤泥和 QX 煤泥中 $Hg^0(g)$ 发生氧化反应的程度较高，导致元素汞的释放比例较小。而 GD 煤泥中卤元素含量较少，所以元素汞的释放比例较大。

实地采集低热值煤电厂掺烧的煤泥，利用小型流化床和在线汞测试方法研究不同煤泥燃烧过程中汞的释放行为及影响因素，利用 TPD-AFS 技术研究了不同实验条件下汞的释放特征。针对煤泥热处理过程中汞的释放特征进行研究，重点考察不同气氛、不同升温速率、不同停留时间对 Hg^0 释放的影响。揭示了煤泥热转化过程中汞污染物的迁移机理，以期为我国高低热值煤电厂的汞脱除技术提供理论支持。

主要结论如下所述。

① 煤泥在程序热解过程中，空气气氛更有利于汞在低温条件下

的释放，而氧化环境对汞的释放更有利。升温速率对煤泥中汞的释放特定温度区间没有明显的影响。较高的升温速率对煤泥中汞的释放起到促进作用。同时，煤泥在热处理过程汞的瞬时释放强度同时受升温速率和温度影响。特定的停留时间可以促进煤泥中汞的释放。在不同热解终温条件下，其最佳停留时间各不相同，例如在热解温度为200℃时，停留时间在50min之内对煤泥中汞的释放有促进作用；在热解温度为400℃时，停留时间在25min之内对煤泥中汞的释放有促进作用；在热解温度为600℃时，停留时间在10min之内对煤泥中汞的释放有促进作用。

② 煤泥在燃烧过程中，汞的释放量与煤泥中的汞含量正相关，释放比例与煤泥中汞的赋存形态有一定关系。同一种煤泥，相同气氛下，800℃、900℃和1000℃温度下，汞的释放比例没有变化；相同温度下，汞的释放比例为氮气＞空气＞氧气。3种煤泥在相同燃烧条件下汞的释放特征相似，释放量和释放比例差异较大。

参 考 文 献

[1] 王亚翔，王宝凤，杨凤玲，等.煤泥催化燃烧时 SO_2 和 NO_x 的排放特性 [J].煤炭转化，2020（4）：79-88.

[2] Wang S，Luo K，Wang X，et al. Estimate of sulfur，arsenic，mercury，fluorine emissions due to spontaneous combustion of coal gangue：An important part of Chinese emission inventories [J]. Environmental Pollution，2016，209：107-113.

[3] 冯立品.煤中汞的赋存状态和选煤过程中的迁移规律研究 [D].北京：中国矿业大学，2009：103-107.

[4] Yan Ge，Gao Zhengyang，Zhao Mingliang，et al. A comprehensive exploration of mercury adsorption sites on the carbonaceous surface：A DFT study [J].Fuel，2020，282：118781.

[5] Bragoszewska，Paulina，Dmuchowski，et al. Air Contamination by Mercury，Emissions and Transformations-a Review [J].Water，air and soil pollution，2017，228（4）：121-123.

[6] Hu Yuanan，Cheng Hefa. Control of mercury emissions from stationary coal combustion sources in China：Current status and recommendations [J]. Environmental Pollution，2016，218：1209-1221.

[7] Liu Kaiyun, Wang Shuxiao, Wu Qingru, et al. A Highly Resolved Mercury Emission Inventory of Chinese Coal-Fired Power Plants [J]. Environmental Science & Technology, 2018, 52 (4): 2400-2408.

[8] Li Zhonggen, Chen Xufeng, Liu Wenli, et al. Evolution of four-decade atmospheric mercury release from a coal-fired power plant in North China [J]. Atmospheric environment, 2019, 213 (SEP.): 526-533.

[9] Zhang Yingyi, Nakano Jinichiro, Liu Lili, et al. Trace element partitioning behavior of coal gangue-fired CFB plant: experimental and equilibrium calculation [J]. Environmental Science&Pollution Research, 2015, 22 (20): 15469-15478.

[10] Niu Xiangrui, Guo Shaoqing, Gao Libing, et al. Mercury Release during Thermal Treatment of Two Coal Gangues and Two Coal Slimes under N_2 and in Air [J]. Energy & Fuels, 2017, 31 (8): 8648-8654.

[11] Guo S, Yang J, Liu Z. Characterization of Hg in coals by temperature-programmed decomposition-atomic fluorescence spectroscopy and acid-leaching techniques [J]. Energy Fuels, 2012, 26 (6): 3388-3392.

[12] 郭少青, 杨建丽, 刘振宇. 晋城煤中汞的热稳定性与赋存形态的研究 [J]. 燃料化学学报, 2009, 37 (01): 115-118.

[13] Geng Y, Guo D, Li C, et al. Mercury adsorption and oxidation in coal combustion and gasification processes [J]. Plos One, 2012, 90-91 (9): 4-20.

[14] Rallo M, Lopez-Anton M A, Perry R, et al. Mercury speciation in gypsums produced from flue gas desulfurization by temperature programmed decomposition [J]. Fuel, 2010, 89 (8): 2157-2159.

[15] Lopez-Anton M A, Yuan Y, Perry R, et al. Analysis of mercury species present during coal combustion by thermal desorption [J]. Fuel, 2009, 89 (3): 629-634.

[16] Luo G, Ma J, Han J, et al. Hg occurrence in coal and its removal before coal utilization [J]. Fuel, 2013, 104 (2): 70-76.

[17] Luo G, Yao H, Xu M, et al. Identifying modes of occurrence of mercury in coal by temperature programmed pyrolysis [J]. Proceedings of the Combustion Institute, 2010, 33 (2): 2763-2769.

[18] 吴辉, 邱建荣, 王泉海, 等. 氧基燃烧方式下燃煤汞析出规律的初步试验研究 [J]. 工程热物理学报, 2007 (S2): 185-188.

[19] 翟晋栋. 煤矸石中汞的赋存形态及迁移行为研究 [D]. 太原: 太原科技大学, 2016.

[20] 方蓓蓓, 张肖阳, 董勇, 等. 热解条件对褐煤汞析出和汞形态分布的影响 [J]. 燃烧科学与技术, 2020, 026 (003): 219-225.

[21] Liu L, Duan Y, Wang Y, et al. Experimental study on mercury release behavior and

speciation during pyrolysis of two different coals [J]. Journal of Fuel Chemistry and Technology，2010，38（2）：134-139.

[22] Xu Z，Lu G，Chan O. Fundamental study on mercury release characteristics during thermal upgrading of an alberta sub-bituminous coal [J]. Energy & Fuels，2004，18 (6)：1855-1861.

[23] 罗光前.燃煤汞形态识别及其脱除的研究 [D].武汉：华中科技大学，2009.

[24] Cao Y，Duan Y，Kellie S，et al. Impact of coal chlorine on mercury speciation and emission from a 100MW utility boiler with cold-side electrostatic precipitators and low-NO_x burners [J]. Energy & Fuels，2005，19（3）：842-854.

[25] 曹艳芝，郭少青，高丽兵，等.煤矸石燃烧过程中汞的释放规律及其动力学研究 [J]. 矿业安全与环保，2019，46（02）：10-13.

[26] 吴辉.燃煤汞释放及转化的实验与机理研究 [D].武汉：华中科技大学，2011.

[27] Zhang Y，Nakano J，Liu L，et al. Trace element partitioning behavior of coal gangue-fired CFB plant：experimental and equilibrium calculation [J]. Environmental Science&Pollution Research，2015，22（20）：15469-15478.

[28] Zhao S，Pudasainee D，Duan Y，et al. A review on mercury in coal combustion process：Content and occurrence forms in coal，transformation，sampling methods，emission and control technologies [J].Progress in Energy and Combustion ence，2019，73（7）：26-64.

[29] Streets D G，Hao J，Wu Y，et al. Anthropogenic mercury emissions in China [J]. Atmospheric Environment，2005，39（40）：7789-7806.

[30] Zhang J，Duan Y，Zhao W，et al. Removal of elemental mercury from simulated flue gas by combining non-thermal plasma with calcium oxide [J].Plasma Chemistry & Plasma Processing，2016，36（2）：471-485.

[31] 郑楚光.煤燃烧汞的排放及控制 [M].北京：科学出版社，2010.

[32] Ling L，Zhao S，Han P，et al. Toward predicting the mercury removal by chlorine on the ZnO surface [J]. Chemical Engineering Journal，2014，244：364-371.

[33] 睢辉，张梦泽，董勇，等.燃煤烟气中单质汞吸附与氧化机理研究进展 [J].化工进展，2014，33（06）：1582-1588.

[34] Senior C L，Sarofim A F，Zeng T，et al. Gas-phase transformations of mercury in coal-fired power plants [J]. Fuel Processing Technology，2000，63（2-3）：197-213.

[35] 任建莉，周劲松，骆仲泱，等.燃煤过程中汞的析出规律试验研究 [J].浙江大学学报：工学版，2002，36（4）：397-403.

[36] Hall B，Schager P，Lindqvist O. Chemical reactions of mercury in combustion flue gases [J]. Water Air & Soil Pollution，1991，56（1）：3-14.

[37] Guo S，Yang J，Liu Z. Dynamic analysis of elemental mercury released from thermal decomposition of coal [J]. Energy & Fuels，2009，23 (10)：4817-4821.

[38] Rumayor M，Lopez-Anton M A，Díaz-Somoano M，et al. A new approach to mercury speciation in solids using a thermal desorption technique [J]. Fuel，2015，160：525-530.

[39] Cao Q，Yang L，Qian Y，et al. Study on mercury species in coal and pyrolysis-based mercuryremoval before utilization [J]. ACS Omega，2020，5 (32)：20215-20223.

[40] Wu S，Uddin M A，Nagano S，et al. Fundamental study on decomposition characteristics of mercury compounds over solid powder by temperature-programmed decomposition desorption mass spectrometry [J]. Energy Fuels，2011，25 (1)：144-153.

[41] Rumayor M，Díaz-Somoano M，López-Antón M A，et al. Temperature programmed desorption as a tool for the identification of mercury fate in wet-desulphurization systems [J]. Fuel，2015，148：98-103.

[42] Zhai J，Guo S，Wei X，et al. Characterization of the modes of occurrence of mercury and their thermal stability in coal gangues [J]. Energy & Fuels，2015，29 (12)：8239-8245.

低热值煤
电厂的汞
迁移行为

燃煤电厂排放的汞是最大的人为汞释放源[1,2]。据报道，中国燃煤电厂汞的排放量每年增长 5.9%，1999 年、2003 年和 2009 年分别达到 67.97t、100.1t 和 172t[3-5]。近年来，燃煤电厂的汞排放和控制受到了越来越多的关注。低热值煤电厂是我国近年来为促进废物资源化利用应运而生的产物。截至 2013 年，我国低热值煤发电总装机容量达到 30000MW[6]。与燃煤电厂相比，低热值煤电厂运行历史较短，且布局均在大型煤矿附近，因而其对环境的污染未引起人们足够的重视。低热值煤与煤炭相似，均由碳质有机成分和无机矿物组分组成，但其碳质含量低，无机组分含量高[7]，除含有硫氮元素外，二者均含有汞等有害元素[8]，且低热值煤中的汞含量普遍高于煤中汞含量[9]，因此低热值煤在燃烧过程中汞的释放行为与原煤有较大差异[10,11]，低热值煤电厂的汞排放不能简单地借鉴现有燃煤电厂的研究结论。尽管目前关于低热值煤电厂常规污染物二氧化硫（SO_2）和挥发性有机化合物（VOCs）等方面的排放研究有一些报道，并促进了低热值煤电厂脱硫和挥发性有机化合物控制技术的发展。但关于低热值煤电厂的汞排放，有学者研究了山西省平朔低热值煤电厂的汞在燃料、底灰、飞灰、石灰石中的分布，其结论对于认识低热值煤电厂的汞释放行为具有重要的参考意义，但对于认清低热值煤电厂的汞排放远远不够[10]。在目前严重缺乏低热值煤电厂汞排放的基本数据情况下，为了促进低热值煤电厂的汞控制技术发展，还需深入系统地研究低热值煤电厂的汞迁移行为。山西省是全国低热值及低热值煤电厂数量最多的省份，截至 2015 年，全省运行的低热值煤电厂 23 个，总装机量 7315MW（约占中国低热值燃煤电厂的 1/4）。因此，本章选取山西省 6 个典型的低热值煤电厂，研究了低热值煤电厂的燃料、底灰、飞灰、石灰石、脱硫石膏和烟气中的汞分布，大气中汞的排放因子以及典型污染控制装置的汞脱除效率，以期为低热值煤电厂的汞污染物治理提供科学的理论依据。

4.1 材料和方法

4.1.1 低热值煤电厂概述

表 4-1 为山西省 6 个低热值煤电厂的基本配置。从表 4-1 可以看出，6 个电厂位于山西省四大煤炭主产区，且均布局在大型煤矿附近。王坪（WP）和同达（TD）位于大同市，沁新（QX）和余吾（YW）位于长治市，东义（DY）位于吕梁市，永皓（YH）位于朔州市。YW 电厂的燃料是煤矸石掺烧原煤，其他电厂的燃料都是煤矸石掺烧煤泥和洗中煤。6 个电厂均采用循环流化床（CFB）燃烧方式。电厂装机容量从 10MW 到 330MW 不等，几乎涵盖了低热值燃煤电厂的所有装机容量。典型的粉尘颗粒物控制装置静电除尘器（ESP）或布袋除尘器（FF）用于捕获飞灰。喷射石灰石脱硫（LID）和湿法烟气脱硫（WFGD）用于 SO_2 脱除。只有 WP 电厂采用选择性催化还原（SCR）控制 NO_x 排放。

表 4-1　低热值煤电厂的基本配置

电厂	位置	锅炉类型	燃料	装机容量/MW	污染物控制装置
DY	吕梁市	CFB	煤矸石、洗中煤	12	ESP＋FF＋WFGD
YW	长治市	CFB	煤矸石、原煤	135	LID＋FF
WP	大同市	CFB	煤矸石、煤泥、洗中煤	200	LID＋FF＋WFGD＋SCR
YH	朔州市	CFB	煤矸石、洗中煤	50	LID＋FF＋WFGD
TD	大同市	CFB	煤矸石、洗中煤	330	LID＋ESP＋FF
QX	长治市	CFB	煤矸石、煤泥、洗中煤	10	LID＋FF

4.1.2　样品收集与汞测量

在低热值煤电厂机组全负荷运行条件下，从入炉前的输煤皮带上采集大约 20kg 的燃料样品。在燃料燃烧后，采集大约 3kg 的底灰（底渣）和飞灰（由 ESP 或 FF 捕获），同时从脱硫系统中采集约 8kg 的石灰石和石膏。3h 内收集 3 次样品以获得平行结果。将采集的样品混合以获得代表性样品，实验前将样品粉碎，过 100 目筛并干燥。样品中总汞测定采用第 2 章的微波消解-原子荧光光谱法。

4.2　低热值煤性质

6 个低热值煤电厂燃料的元素分析和工业分析见表 4-2。

表 4-2　燃料的元素分析和工业分析

单位：%

样品	工业分析[①]			元素分析[①]					$Q_{net,ad}$
	M	A	V	C	H	N	S	O[②]	MJ/kg
DY	1.06	51.44	18.12	35.47	2.40	0.57	3.66	5.40	13.63
YW	0.60	50.08	10.94	41.40	2.25	0.83	0.25	4.59	15.50
WP	0.82	53.98	17.52	33.06	2.26	0.56	0.32	9.00	12.00
YH	1.18	41.80	23.66	42.30	3.03	0.74	2.03	8.92	16.23
TD	0.77	49.20	18.41	37.80	2.39	0.64	0.31	9.09	13.77
QX	0.71	45.18	14.73	44.26	2.50	0.64	2.33	4.38	16.82

①空气干燥基；②差减法。

注：M—水分；A—灰分；V—挥发分；$Q_{net,ad}$—低位发热量。

从表 4-2 可以看出，6 个电厂的燃料中，灰分含量在 41.80%～53.98%之间，根据《煤炭质量分级　第一部分：灰分》（GB/T 15224.1—2010）规定："动力煤灰分≥35% 为高灰分煤"，所有低热值煤电厂的燃料有显著的高灰分。根据《煤炭质量分级　第二部分：

硫分》（GB/T 15224.2—2010）规定，YW、WP 和 TD 电厂的含硫量分别为 0.25%、0.32% 和 0.31%，属于特低硫煤（硫分≤0.5%）；YH 和 QX 电厂的含硫量分别为 2.03% 和 2.33%，属于中高硫煤（2.01%≤硫分≤3.0%）；DY 电厂的含硫量为 3.66%，属于高硫煤（硫分＞3.0%）。根据《山西省低热值煤发电项目核准实施方案》[12]，低热值煤发电厂主要燃料为煤矸石的，优先考虑国产大型循环流化床锅炉，入炉燃料收到基热值不大于 14640kJ/kg；主要燃料为洗中煤和煤泥的，可选用高效煤粉炉，入炉燃料收到基热值不大于 17570kJ/kg。6 个低热值煤电厂的燃料热值（12.00～16.82MJ/kg）均符合山西省低热值燃煤电厂的要求（≤17.57MJ/kg）。

4.3　低热值煤电厂汞的分布

低热值煤电厂燃料、底灰、飞灰、石灰石和脱硫石膏中的汞含量见表 4-3。

表 4-3　燃料、底灰、飞灰、石灰石和石膏中的汞含量

单位:ng/g

样品	燃料	底灰	飞灰		石灰石	脱硫石膏
			ESP	FF		
DY	749.00	7.50	1447.00	1588.88	bdl	697.00
YW	363.00	4.67	—	1183.25	bdl	—
WP	283.25	21.88	—	912.88	bdl	17.50
YH	646.88	19.50	—	1893.13	bdl	13.67
TD	269.25	10.50	749.67	901.50	bdl	—
QX	313.50	6.50	—	527.50	bdl	—

注："—"表示无此样品；bdl 表示低于检测线。

一般而言，不同汞含量的煤燃烧后的飞灰和底灰中汞含量差别很大，为减少煤中汞含量对汞在飞灰和底灰中分布的影响，引入相对富集因子（RE）描述飞灰和底灰中汞的相对分布，从而方便地比较飞

灰中汞富集的水平。RE 由 Meij[13] 提出来描述微量元素的挥发程度，根据 RE 大小将微量元素分为三类。

Ⅰ类：难挥发类，底灰中 $RE \approx 1$。这类元素难挥发，大部分富集在底灰中，例如 Al、Ca、Ce、Cs、Eu、Fe、Hf、K、La、Mg、Sc、Sm、Si、Sr、Th 和 Ti。

Ⅱ类：半挥发类，底灰中 $RE < 0.7$。这类元素部分富集在底灰，部分富集在飞灰中，例如 Ba、Cr、Mn、Na、Rb、As、Cd、Ge、Mo、Pb、Sb、Tl、Be、Co、Cu、Ni、P、U、V 和 W。

Ⅲ类：易挥发类，底灰中 $RE \ll 1$。这类元素很难富集在底灰中，绝大部分挥发到烟气中，被飞灰吸附或排放到大气中，例如 B、Br、C、Cl、F、Hg、I、N、S 和 Se。

现在 RE 已被广泛应用于描述煤燃烧后微量元素在飞灰和底灰中的富集程度[10,14-16]。RE 的表述见式(4-1)。根据式(4-1) 得到低热值煤电厂底灰和飞灰中的 RE 见图 4-1。

$$RE = \frac{C_X A_C}{C_C} \times 100\% \tag{4-1}$$

式中 C_X——底灰或飞灰中的 Hg 含量，ng/g；

C_C——燃料中的 Hg 含量，ng/g；

A_C——底灰或飞灰的产率，%。

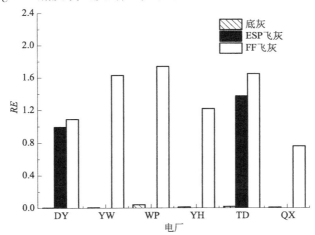

图 4-1　底灰和飞灰中的 RE

从表 4-3 可以看出，燃料的汞浓度范围为 269.25~749.00ng/g，差别较大，最小值和最大值相差近 2.8 倍，相比于中国普通煤的平均汞浓度（100~300ng/g）[17]，山西省燃煤电厂煤的汞平均浓度相对偏高（160ng/g）[3]，而 6 个低热值煤电厂燃料的汞浓度总体较高。同时低热值煤中汞含量与灰分、硫分没有显著的相关性。

从表 4-3 和图 4-1 可以看出，底灰中的 Hg 含量非常低，为 4.67~21.88ng/g，导致底灰样品的 RE 非常低（0.52%~4.17%），与燃料相比，底灰中的汞非常少，几乎可以忽略。这个结果和大部分燃煤电厂[15,18,19] 和低热值煤电厂底灰中汞的分布相似[10]。Wang 等[18] 研究的 6 个燃煤电厂中底灰的汞含量范围是 1~16ng/g。Chen 等[15] 的研究表明淮南市 2 个燃煤锅炉中底灰中汞的 RE＜7%。Tang 等[19] 研究的内蒙古 3 个燃煤电厂中底灰的汞含量分别为 1.86ng/g、21.03ng/g 和 2.12ng/g。Zhang 等[10] 对山西省平朔煤矸石电厂中的研究表明，汞在底灰中的含量低于检测限，意味着底灰中汞的含量和 RE 接近于 0。这表明低热值煤燃烧过程汞的挥发性和煤燃烧过程类似，在炉膛内的高温下，由于大部分汞化合物的热力不稳定性，燃料中的绝大部分汞将转变成元素汞进入气相，导致残留在底灰中的汞很少。

与燃料中汞含量相比，TD 和 DY 电厂的 ESP 脱除飞灰的 Hg 含量较高，分别为 749.67ng/g 和 1447.00ng/g，分别是燃料中 Hg 含量的 2.78 倍和 1.93 倍。6 个电厂中 FF 脱除飞灰的 Hg 含量也较高，其范围是 27.50~1893.13ng/g，是燃料中 Hg 含量的 1.68~3.35 倍。同时，DY 和 TD 电厂 ESP 飞灰中 Hg 的 RE 分别为 0.99 和 1.37；除了 QX 电厂 FF 飞灰中 Hg 的 RE 为 0.76 外，其余 6 个电厂 FF 飞灰中 Hg 的富集因子（RE）均＞1。Goodarzi 等[16] 对两台燃煤锅炉各自的 33 个 ESP 飞灰中汞的研究表明，RE 分别在 0.14~0.49、0.06~0.77 的范围内，平均值分别为 0.29 和 0.39。Chen 等[15] 的研究表明淮南市两台燃煤锅炉中 13 个飞灰中汞的 RE 在 0.04~0.54 范围内。Zhang 等[10] 对山西省平朔煤矸石电厂的研究表明汞在飞灰中的 RE＞4，汞几乎全部富集在飞灰中。

本研究中除了 DY 电厂 ESP 飞灰中 Hg 的 RE 为 0.99，QX 电厂 FF 飞灰中 Hg 的 RE 为 0.76 外，其他 6 个飞灰中 Hg 的 RE 均＞1，这表明 Hg 在飞灰中高度富集[14]，这也意味着低热值煤电厂的飞灰能够高效地捕获烟气中的 Hg。笔者分析低热值煤电厂飞灰中汞富集因子较高的原因如下。

① 低热值煤的高灰分。根据式(4-1)，可以看出，燃料灰分会影响 RE，灰分越高，RE 越大。Aunela-Tapola 等[20] 对 2 个燃煤电厂的研究表明，电厂飞灰和底灰中汞的高富集因子由煤的高灰分引起。胡长兴等[21] 对 4 台燃煤锅炉烟气进行采样，发现燃煤灰分与烟气中颗粒态汞分布有着较强的相关性，燃煤的灰分越高，烟气中颗粒汞的比例越高，因此燃煤高灰分会导致飞灰中汞的富集。相反，Mokhtar 等[22] 认为飞灰中汞的低富集率是由于燃煤的低灰分。由上节结论可知，6 个低热值煤电厂的燃料有显著的高灰分。因此，低热值煤的高灰分是飞灰中汞的 RE 较高的一个因素。

② 炉内喷钙。燃烧时加入石灰石能增加烟道中固体颗粒与气态汞的接触面积，从而加强气态汞在颗粒表面的吸附作用，同时也能增强气态汞在颗粒表面的冷凝作用，使烟气中的气态汞部分转移到飞灰中，而灰渣中的汞则由于流化作用的加强而更多的进入烟气，然后吸附于飞灰。总之，石灰石的加入能改变汞在燃烧产物中的分配，使之朝着有利于颗粒捕获的方向改变。同时石灰石能促进气态汞与烟气的反应，也有利于汞的脱除[23,24]。任建莉[23] 对循环流化床锅炉掺烧石灰石与否进行对比实验，发现掺烧石灰石后飞灰中汞含量明显增高。高洪亮等[24] 在中型循环流化床对两种混煤不添加和加入石灰石进行对比实验，结果表明，添加石灰石后飞灰中的汞分布比例分别由 56％和 45％增加到 71％和 61％，加入石灰石对飞灰吸附汞都有明显的促进作用。除了 DY 电厂外，其余 5 个低热值煤电厂均采用炉内喷钙，即炉内掺烧石灰石。炉内喷钙可能是飞灰中汞的 RE 较高的另一个因素。

③ 循环流化床燃烧。6 个低热值煤电厂锅炉均采用循环流化床燃烧方式，研究表明，CFB 能增加飞灰中汞的富集程度，主要原因

是飞灰在炉内的多次循环与反应，使飞灰的比表面积和活性增加，同时飞灰的滞留时间较长。相比于其他燃烧方式，循环流化床燃烧烟气中的飞灰浓度较高，从而增强了飞灰对汞的吸附[24]。另外，流化床燃烧时较低的操作温度会增加烟气中氧化态汞的含量，同时会抑止氧化态汞向 Hg^0 的重新转化[25]。刘军娥[26] 对 5 台煤粉炉、1 台层燃炉和 2 台循环流化床中汞的分布进行对比实验，结果表明，CFB 中汞的 $RE>1$，而层燃炉和煤粉炉中汞的 RE 都小于 1，主要原因是 CFB 飞灰中含未燃尽炭含量高，孔隙较多，且飞灰在炉内滞留时间较长。魏绍青等[27] 对同一地区的混煤在 300MW 煤粉炉与 CFB 锅炉汞排放特性进行比较，发现汞在 CFB 电厂飞灰中的富集程度大于煤粉炉电厂飞灰，主要原因是 CFB 电厂飞灰中未燃尽炭含量更高。

从表 4-3 和图 4-1 可以看出，在 DY 和 TD 电厂的飞灰中，FF 飞灰的汞含量和 RE 均高于 ESP 飞灰，这是因为 FF 利用过滤机理捕获飞灰颗粒，高比电阻飞灰尤其是细飞灰颗粒能通过布袋除尘器脱除，更细的飞灰颗粒具有较大的表面积，可使飞灰表面上更多地沉积/吸附 Hg。另外，飞灰在 FF 滤料表面形成的滤饼可以增强飞灰对汞的吸附，并且能为单质汞的多相催化氧化提供催化介质，因此 FF 飞灰的汞含量和 RE 高于 ESP 飞灰[14,15]。

许多学者的研究表明飞灰中未燃尽炭（UBC）和 Hg 含量有一定的相关关系[16,28]。为了阐明飞灰中 UBC 含量和 Hg 含量的相互关系，将干燥的飞灰样品在 815℃下的灼烧 2h 得到烧失量（LOI），用 LOI 来表征 UBC[28]。不同飞灰中 Hg 含量、RE 和 LOI 含量之间的关系见图 4-2。

如图 4-2 所示，Hg 含量、RE 与 LOI 没有明显的相关性，例如 YW 电厂飞灰中的 LOI 最高（25.6%），但其 Hg 含量（1183.25ng/g）低于 DY 电厂（1588.88ng/g）和 YH 电厂（1893.13ng/g），RE 值低于 WP 电厂和 TD 电厂，说明单独的未燃尽碳含量并不能决定飞灰中汞的富集行为，也进一步说明低热值电厂中飞灰汞的富集受多种因素共同影响。通常认为，飞灰对 Hg 的吸附效率受到锅炉类型及操作条件，烟气中飞灰的冷凝温度，飞灰的组成和性质（未燃尽炭、比表面积和矿物质组成等）以及燃煤的化学性质等各种因素影响[10,14,15,28]。

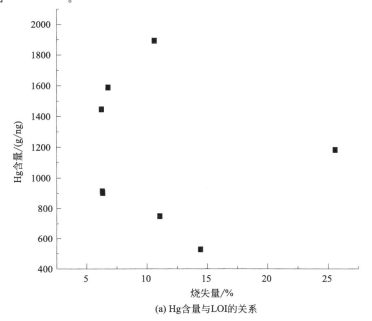

(a) Hg含量与LOI的关系

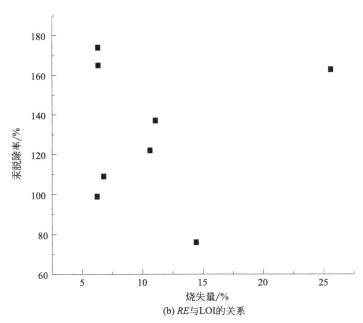

(b) RE与LOI的关系

图 4-2 飞灰中 Hg 含量、RE 与 LOI 的关系图

从表 4-3 可以看出，石灰石中的 Hg 浓度低于检测限，这与其他研究结果一致[10]。Zhang 等[10] 对山西省平朔煤矸石电厂中的研究表明，石灰石中的汞含量低于检测限。

WP 和 YH 电厂的 WFGD 石膏中的 Hg 含量较低（分别为 13.67ng/g 和 17.50ng/g），而 DY 电厂中的汞含量较高（697.00ng/g）。Hao 等[29] 研究了中国 20 个省份 70 个燃煤电厂脱硫石膏中汞的形态转化规律，结果表明，WFGD 石膏的 Hg 浓度范围为 0～4330ng/g，平均值为 891ng/g。WFGD 石膏的 Hg 含量取决于脱硫塔入口处的烟气中 Hg^{2+} 的浓度、烟道中的卤素、锅炉操作条件和烟气污染控制系统的运行状况[19,29]。

4.4　汞排放和排放因子

固体副产品底灰、飞灰和石膏中汞的排放量采用样品质量与样品中的汞含量相乘计算，其中发电厂每年的燃料、底灰、飞灰和石膏的产量取自每座发电厂的实际统计结果。烟气中汞的浓度测试可以采用 EPA 的 method 5 和 ASTM 的 Ontario-Hydro 方法对电除尘器的前后烟道进行等速采样测试。由于低热值煤电厂条件限制，本书采用质量平衡法[15,16,30]，即通过汞输入和输出质量的质量平衡，用差减法计算烟气中汞的排放量。假设汞输入为燃料中的汞，汞输出为飞灰、底灰、石膏和烟气中的汞[15,18,28]，则排放到大气中的汞的计算见式(4-2)[15,28,30]，结果见图 4-3。

$$m_{stack} = m_c - m_b - m_f - m_g \qquad (4-2)$$

式中　m_{stack}——烟气中汞的排放量，kg/a；

　　　m_c——燃料中的汞质量，kg/a；

　　　m_b——排放到底灰中的汞质量，kg/a；

　　　m_f——排放到飞灰中的汞质量，kg/a；

m_g——排放到石膏中的汞质量，kg/a。

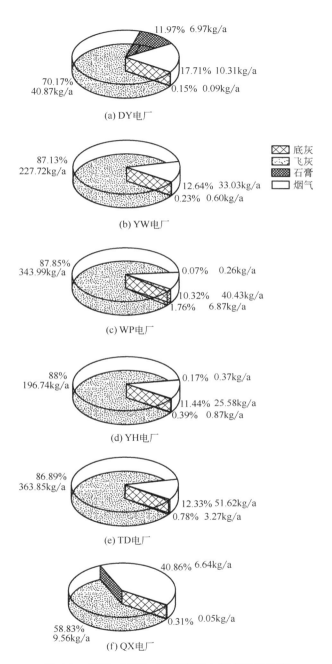

图例：
- 底灰
- 飞灰
- 石膏
- 烟气

(a) DY电厂
- 11.97% 6.97kg/a
- 17.71% 10.31kg/a
- 0.15% 0.09kg/a
- 70.17% 40.87kg/a

(b) YW电厂
- 87.13% 227.72kg/a
- 12.64% 33.03kg/a
- 0.23% 0.60kg/a

(c) WP电厂
- 87.85% 343.99kg/a
- 0.07% 0.26kg/a
- 10.32% 40.43kg/a
- 1.76% 6.87kg/a

(d) YH电厂
- 88% 196.74kg/a
- 0.17% 0.37kg/a
- 11.44% 25.58kg/a
- 0.39% 0.87kg/a

(e) TD电厂
- 86.89% 363.85kg/a
- 12.33% 51.62kg/a
- 0.78% 3.27kg/a

(f) QX电厂
- 40.86% 6.64kg/a
- 0.31% 0.05kg/a
- 58.83% 9.56kg/a

图 4-3　底灰、飞灰、和石膏和大气中的汞分布

如图 4-3 所示，只有极小部分（<2%）的汞排放到底灰中，这与大部分燃煤电厂的研究一致[18,19]。飞灰中汞的排放量从 9.56kg/a(QX 电厂) 到最高 363.85kg/a(TD 电厂)，排放比例范围为 58.83%(QX 电厂)~88.00%(YH 电厂)。这与其他 CFB 燃煤锅炉的研究结果一致，Tang 等[19] 研究的内蒙古 3 个电厂 CFB 燃煤锅炉的飞灰中 Hg 的比例分别为 66.51%、90.84% 和 90.85%[19]。高洪亮等[24] 在 CFB 燃煤锅炉的研究结果表明，4 个工况下飞灰中汞的排放比例分别为 56%、71%、45% 和 61%。飞灰通常用作水泥工业和飞灰砖等原料，这些高温利用过程可能导致二次汞污染，因此飞灰的高温利用需谨慎处理。DY 电厂 WFGD 捕获的汞约为 11.97%，WP 和 YH 电厂 WFGD 捕获的汞小于 1%。最终排放到大气中汞的比例为 10.32%~40.86%。Tang 等[19] 研究的内蒙古 3 个电厂排放到大气中的汞的比例分别为 3.8%、7.7% 和 22.26%。高洪亮等[24] 的研究结果表明，4 个电厂烟气中汞的排放比例分别为 38%、20%、45% 和 27%。

为了对低热值煤电厂的汞排放进行有效比较，本书引入排放因子，即燃煤过程中汞最终向大气排放的强度，这是进行燃煤汞排放总量估算的重要参数。排放因子一般有两种形式：一种定义为排放进入大气中的汞和给煤低位发热量之比，单位为 $g/10^{12}J$[31]；另一种定义为排放进入大气中的汞和发电量之比，单位为 $\mu g/(kW \cdot h)$[32]。由于煤的发热量转化为电厂的发电量之间还有一些影响因素，为了比较低热值煤电厂和普通燃煤电厂汞排放因子的差异，本书引入第二种排放因子 E_a，即单位发电量所产生的汞排放 [$\mu g/(kW \cdot h)$]，计算结果见表 4-4。同时，基于文献数据的不同燃煤电厂的汞排放因子如表 4-5 所列，以便于比较。

表 4-4　低热值煤电厂汞排放因子

单位:$\mu g/(kW \cdot h)$

低热值煤电厂	DY	YW	WP	YH	TD	QX	均值
E_a	99.47	38.23	23.40	59.21	18.11	76.85	52.55

表 4-5　燃煤电厂汞排放因子

单位:μg/(kW·h)

引用文献	样品 1	样品 2	样品 3	样品 4	样品 5	样品 6	均值
Tang 等[19]	3.36	23.26	7.67	—	—	—	11.43
Chen 等[15]	38.61	39.86	35.56	40.35	38.06	34.17	37.77
Wang 等[18]	32.98	13.65	14.4	6.04	109.88	4.42	30.23
Yokoyama 等[32]	3.25	0.32	1.23	—	—	—	1.6
Burmistrz 等[33]	6.64	16.06	57.05	—	—	—	26.58
王圣等[34]	56.08	55.07	26.97	17.25	17.58	14.09	31.17

如表 4-4 所列，6 个低热值煤电厂汞排放因子范围为 $18.11 \sim 99.47\mu g/(kW \cdot h)$，在燃煤电厂的汞排放因子范围内 $[0.32 \sim 109.88\mu g/(kW \cdot h)]$（表 4-5）。总的来说，本研究的排放因子可分为 2 类。

① 高排放因子：DY $[99.47\mu g/(kW \cdot h)]$、YH $[59.21\mu g/(kW \cdot h)]$ 和 QX $[76.85\mu g/(kW \cdot h)]$。

② 低排放因子：YW $[38.23\mu g/(kW \cdot h)]$、WP $[23.40\mu g/(kW \cdot h)]$ 和 TD $[18.11\mu g/(kW \cdot h)]$。

汞的排放因子受燃料的特性（如汞含量和发热值）、锅炉燃烧效率和空气污染控制系统的汞脱除效率等影响。本书排放因子的差异可归纳为以下 2 个原因。

① 锅炉燃烧效率。如表 4-1 所列，DY(12MW)、YH(50MW) 和 QX(10MW) 的装机容量低于 YW(135MW)、WP(200MW) 和 TD(330MW) 的装机容量。一般而言，较低装机容量的燃烧效率低于高的装机容量[34]。因此，每生产 1kW·h 电，与低排放因子电厂相比，高排放因子电厂需要消耗更多的燃料，因而导致更多的汞排放到大气中。

② 燃料的汞含量。从表 4-2 可以看出，高排放因子电厂燃料的 Hg 含量普遍高于低排放因子电厂，高汞含量的燃料必然会导致更多的汞排放到大气。

应该注意的是，低热值电厂汞的平均排放因子 $[52.55\mu g/(kW \cdot h)]$ 明显高于燃煤电厂（表 4-5），这主要归因于低热值燃煤电厂燃料的高汞含量和低发热量。与燃煤电厂相比，每生产 1kW·h 电，低热值电厂需要消耗更多的燃料，并且燃料中汞含量较高，所以排放到大气中的汞更多，排放因子较高。

4.5 污染控制装置的汞脱除效率

图 4-4 为 6 个低热值煤电厂污染控制装置的汞脱除效率。

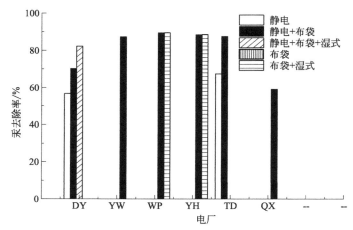

图 4-4　低热值煤电厂污染控制装置的汞脱除效率

从图 4-4 可以看出，ESP 的汞脱除效率分别为 56.64%（DY 电厂）和 67.34%（TD 电厂）。FF 的汞脱除效率为 59.02%～89.42%。与大多数燃煤锅炉 ESP 的汞脱除效率（6%～52%）[18] 和 FF 的汞脱除效率（42%）[35] 相比，低热值燃煤电厂使用的 ESP 和 FF 具有较高汞脱除效率。实际上，低热值燃煤电厂或普通燃煤电厂的 ESP 和 FF 的飞灰脱除能力基本相同，低热值燃煤电厂中 ESP 和 FF 较高的汞脱除效率归因于飞灰对汞的高吸附能力。

YH 和 WP 电厂中 WFGD 的汞脱除效率分别为 1.43% 和 0.65%，

远低于 DY 电厂中脱硫石膏中的汞脱除效率（40.33％）。美国的 B&W 与 URS 公司现场测试了单独 WFGD 工艺对烟气中总汞的脱除效率，发现其在 0～74％ 范围内波动[36]。造成脱汞效率波动的原因主要包括两个方面：一方面这与烟气中零价汞所占的比例大小有关，WFGD 只对水溶性的氧化态汞和颗粒态汞具有较高的脱除效率，而对难溶于水的气态零价汞则几乎没有脱除能力；另一方面是由于脱硫液中含有一定量的四价硫[S(Ⅳ)]，脱除的 Hg^{2+} 被 S(Ⅳ) 重新还原成挥发性的 Hg^0，并重新返回到烟气中，降低 WFGD 工艺对汞的总脱除效率[37]。

以山西省 6 个典型的低热值煤电厂为研究对象，分析了低热值煤电厂的燃料、底灰、飞灰、石灰石、脱硫石膏和烟气中汞的迁移及分布规律；估算了低热值煤电厂的汞排放因子，山西省低热值煤电厂汞的年排放量；评估了低热值煤电厂典型污染控制装置的汞脱除效率。主要结论如下：

① 低热值煤的汞浓度范围为 269.25～749.00ng/g，差别较大，整体高于山西省燃煤电厂煤中的汞平均浓度（160ng/g）。

② 底灰中的汞浓度较低，为 4.67～21.88ng/g，RE 值为 0.0052～0.0417，排放到底灰中 Hg 的比例＜2％。低热值煤中的汞几乎完全释放到气相中，大部富集于飞灰，排放到飞灰中汞的比例范围为 58.83％～88.00％。ESP 和 FF 飞灰中汞含量较高，分别为 749.67～1447.00ng/g 和 527.50～1893.13ng/g。DY 和 TD 电厂 ESP 飞灰中汞的 RE 值分别为 0.99 和 1.37，6 个低热值电厂 FF 飞灰中汞的 RE 值为 0.76～1.74。低热值煤的高灰分、炉内喷钙和循环流化床燃烧是低热值煤电厂飞灰中汞的 RE 较高的主要原因。

③ 6 个低热值煤发电厂排放到大气中汞的比例范围为 10.32％～40.86％。由于低热值煤中 Hg 含量较高，发热量较低，低热值煤电厂汞的平均排放因子（E_a）为 52.55μg/(kW·h)，高于文献报道的燃煤电厂的平均值。

④ 低热值煤电厂的 ESP 和 FF 具有较高的 Hg 脱除效率，ESP 的汞脱除效率分别为 56.64％（DY 电厂）和 67.34％（TD 电厂）。

FF 的汞脱除效率为 59.02%～89.42%。归因于低热值煤飞灰对 Hg 的沉积/吸收能力的提高。3 个湿法脱硫系统对汞的脱除效率差异较大，最多有不到 12% 的汞被转移到脱硫石膏中。

参 考 文 献

[1] Huang Y，Deng M，Li T，et al. Anthropogenic mercury emissions from 1980 to 2012 in China [J]. Environmental Pollution，2017，226：230-239.

[2] Zhang Y，Yang J，Yu X，et al. Migration and emission characteristics of Hg in coal-fired power plant of China with ultra low emission air pollution control devices [J]. Fuel Processing Technology，2017，158：272-280.

[3] Streets D，Hao J，Wu Y，et al. Anthropogenic mercury emissions in China [J]. Atmospheric Environment，2005，39 (40)：7789-7806.

[4] Wu Y，Wang S，Streets D G，et al. Trends in Anthropogenic Mercury Emissions in China from 1995 to 2003 [J]. Environmental Science & Technology，2006，40 (17)：5312-5318.

[5] Chen J，Liu G，Kang Y，et al. Atmospheric emissions of F，As，Se，Hg，and Sb from coal-fired power and heat generation in China [J]. Chemosphere，2013，90 (6)：1925-1932.

[6] 中国资源综合利用年度报告 (2014) [R]. 北京：国家发展和改革委员会，2014.

[7] Magdalena Misz-Kennan M J F. Application of organic petrology and geochemistry to coal waste studies. [J]. International Journal of Coal Geology，2011，88：1-23.

[8] Li W，Chen L，Zhou T，et al. Impact of coal gangue on the level of main trace elements in the shallow groundwater of a mine reclamation area [J]. International Journal of Mining Science and Technology，2011，21 (5)：715-719.

[9] 张博文. 煤矸石汞排放特性的研究 [D]. 北京：华北电力大学，2013.

[10] Zhang Y，Nakano J，Liu L，et al. Trace element partitioning behavior of coal gangue-fired CFB plant：experimental and equilibrium calculation. [J]. Environmental Science & Pollution Research，2015，22 (20)：15469-15478.

[11] Zhai J，Guo S，Wei X-X，et al. Characterization of the Modes of Occurrence of Mercury and Their Thermal Stability in Coal Gangues [J]. Energy & Fuels，2015，29 (12)：8239-8245.

[12] 山西省低热值煤发电项目核准实施方案 [EB/OL]. 山西省人民政府，2013-8-21. http：//www. sxdrc. gov. cn/reform/zcjd/szfwj/201308/t20130821_69411. htm.

[13] Meij R. Trace element behavior in coal-fired power plants [J]. Fuel Processing Tech-

nology，1994，39（1-3）：199-217.

[14] Goodarzi F. Characteristics and composition of fly ash from Canadian coal-fired power plants [J]. Fuel，2006，85（10-11）：1418-1427.

[15] Chen B，Liu G，Sun R. Distribution and Fate of Mercury in Pulverized Bituminous Coal-Fired Power Plants in Coal Energy-Dominant Huainan City，China [J]. Archives of environmental contamination and toxicology，2016，70（4）：724-733.

[16] Goodarzi F，Reyes J，Abrahams K. Comparison of calculated mercury emissions from three Alberta power plants over a 33 week period-Influence of geological environment [J]. Fuel，2008，87（6）：915-924.

[17] Zheng L，Liu G，Chou C L. The distribution，occurrence and environmental effect of mercury in Chinese coals [J]. Science of the Total Environment，2007，384（1）：374-383.

[18] Wang S X，Zhang L，Li G H，et al. Mercury emission and speciation of coal-fired power plants in China [J]. Atmospheric Chemistry & Physics，2010，10（3）：24051-24083.

[19] Tang S，Wang L，Feng X，et al. Actual mercury speciation and mercury discharges from coal-fired power plants in Inner Mongolia，Northern China [J]. Fuel，2016，180：194-204.

[20] Aunela-Tapola L，Hatanpää E，Hoffren H，et al. A study of trace element behaviour in two modern coal-fired power plants：II. Trace element balances in two plants equipped with semi-dry flue gas desulphurisation facilities [J]. Fuel Processing Technology，1998，55（1）：13-34.

[21] 胡长兴，周劲松，何胜.氯和灰分对大型燃煤锅炉烟气中汞形态的影响 [J].动力工程学报，2008，28（6）：945-948.

[22] Mokhtar M M，Taib R M，Hassim M H. Understanding selected trace elements behavior in a coal-fired power plant in Malaysia for assessment of abatement technologies [J]. Journal of the Air & Waste Management Association，2014，64（8）：867-878.

[23] 任建莉.燃煤过程汞析出及模拟烟气中汞吸附脱除试验和机理研究 [D].杭州：浙江大学，2003.

[24] 高洪亮，杨德红，周劲松.循环流化床燃煤过程汞控制性能的实验研究 [J].锅炉技术，2006，37（5）：28-31.

[25] 赖敏.燃煤电厂污染控制技术.我国火电行业汞排放分析及控制对策 [J].四川环境，2013，32：119-128.

[26] 刘军娥.燃烧方式对汞分布规律影响的研究 [D].太原：太原理工大学，2014.

[27] 魏绍青，滕阳，李晓航，等.300MW等级燃煤机组煤粉炉与循环流化床锅炉汞排放

特性比较 [J].燃料化学学报，2017，45（8）：1009-1016.

[28] Guo X，Chuguang Zheng，Xu M. Characterization of Mercury Emissions from a Coal-Fired Power Plant [J]. Energy & Fuels，2007，21（2）：892-896.

[29] Hao Y，Wu S，Pan Y，et al. Characterization and leaching toxicities of mercury in flue gas desulfurization gypsum from coal-fired power plants in China [J].Fuel，2016，177：157-163.

[30] Wang Q C，Shen W G，Ma Z W. Estimation of mercury emission from coal combustion in China.[J]. China Environmentalence，1999，34（13）：2711-2713.

[31] 段钰锋，江贻满，杨立国，等.循环流化床锅炉汞排放和吸附实验研究 [J].中国电机工程学报，2008，28（32）：1-5.

[32] Yokoyama T，Asakura K，Matsuda H，et al. Mercury emissions from a coal-fired power plant in Japan [J]. Science of the Total Environment，2000，259：97-103.

[33] Burmistrz P，Kogut K，Marczak M，et al. Lignites and subbituminous coals combustion in Polish power plants as a source of anthropogenic mercury emission [J].Fuel Processing Technology，2016，152：250-258.

[34] 王圣，王慧敏，朱法华.基于实测的燃煤电厂汞排放特性分析与研究 [J].环境科学，2011，32：33-37.

[35] Pirrone N，Cinnirella S，Feng X，et al. Global mercury emissions to the atmosphere from anthropogenic and natural sources [J]. Atmospheric Chemistry and Physics，2010，10（13）：5951-5964.

[36] Stergaršek A，Horvat M，Kotnik J，et al. The role of flue gas desulphurisation in mercury speciation and distribution in a lignite burning power plant [J]. Fuel，2008，87（17）：3504-3512.

[37] Chang J C S，Zhao Y. Pilot Plant Testing of Elemental Mercury Reemission from a Wet Scrubber [J]. Energy & Fuels，2008，22（1）：338-342.

第**5**章

低热值煤层燃过程中汞的释放特征

燃煤电厂排放的汞对环境的危害程度除与总汞量有关外，还与汞在烟气中的形态分布有关。煤燃烧后汞在烟气中以三种形态存在，即以元素态存在的气态汞 Hg^0，以二价汞化合物形式存在的气相氧化态汞 $Hg^{2+}X(g)$ 和烟气中细微颗粒物相结合的颗粒态汞 $Hg(p)$[1]。颗粒态汞 $Hg(p)$ 易于被除尘装置如静电除尘器和布袋除尘器捕集。未吸附的 $Hg^{2+}X(g)$ 挥发性低，易溶于水，可被湿式脱硫装置吸附。未吸附的 Hg^0 具有较高的挥发性和极低的水溶性，很难被传统污染控制装置捕集，极易排放到大气中且在环境中长时间停留，因此对环境造成的危害较大[2]。燃煤电厂烟气中不同形态汞的转化受诸多因素影响，如锅炉类型与操作状况、煤的种类、组分、燃烧气氛、烟气冷却速率及停留时间和污染控制装置等。一般认为，$Hg^0(g)$ 与含氯组分包括 Cl_2、HCl 和 Cl 自由基等的氯化反应是燃煤烟气中汞氧化的主要机理之一。烟气中其他组分如 O_2 是 Hg 的弱氧化剂，H_2O、SO_2 和 CO_2 对汞氧化起抑制作用，其中 $SO_2(g)$ 并不直接和 Hg 发生反应，而是通过反应消耗 Cl_2，从而使汞的氯化反应减弱[3]。NO_2 被认为是 Hg 的弱氧化剂，NO 则可促进或抑制汞的氧化，取决于烟气中 NO 的浓度。总之，烟气中的氧化物和氯化物以及飞灰表面的氧化、催化剂，是 $Hg^0(g)$ 被吸附或氧化为颗粒态 $Hg(p)$ 和 Hg^{2+} (g) 的关键因素[3]。

因此，有效预测、控制并减少汞向环境的直接排放，需要深入研究低热值煤在不同燃烧条件下汞的形态转化和释放规律，为建立和完善汞的控制技术提供一定的理论基础。本章以山西省 3 个低热值煤电厂的燃料为对象，采用 TPD-AFS 技术研究低热值煤中汞的赋存形态，利用管式炉装置考查不同温度和气氛下低热值煤层燃过程中汞的动态逸出特征和释放率。

5.1 材料和方法

本书选取的 3 个低热值样品为第 4 章所述的余吾（YW）、永浩

（YH）和沁新（QX）低热值煤电厂的燃料。采用第 2 章所述的 TPD-AFS 技术研究 3 个低热值煤电厂中汞的赋存形态，每个样品取 0.1g，其余条件和第 2 章相同。采用管式炉-原子荧光光谱仪研究低热值煤层燃过程中汞的释放特征。首先将管式炉升温至设定温度，然后经载气吹扫后，将载有低热值煤的石英舟推至管式试验炉的恒温区，低热值煤在此瞬时层燃，气相产物直接进入原子荧光光谱仪检测器。检测器响应信号原始谱图由计算机记录并处理。到达设定的反应时间时立即将载有样品的石英舟迅速拉至反应器的冷端，在氮气流中冷却。本实验的燃烧温度范围为 700～1100℃，停留时间为 0～30min，层燃的气氛为空气和富氧条件，气体流速为 300mL/min。YW 和 QX 电厂的煤样品每个取 0.05g，YH 电厂的煤样品取 0.02g，AFS 谱图最后折算到 0.05g。

由于原子荧光光谱仪得到的原始谱图只是荧光强度，需经过标定处理才能得到元素汞的释放量。在仪器检测限内，汞浓度与荧光强度成正比，所以首先要作出 AFS 信号值的标定曲线，以便将检测器的响应信号转化为元素汞的释放量。本章仪器的标定通过汞蒸气发生装置注入已知体积的汞饱和氮气完成。

汞蒸气发生装置由渗透管、U 形石英管和恒温水浴槽三部分组成。渗透管是汞蒸气的发生源，提供所需的零价汞，通过恒定载气携带汞蒸气，与其他气体混合形成浓度稳定的汞蒸气。本实验使用的渗透管（苏州青安公司，QMG-6-6）经过标定，在 35℃ 时渗透率为 40ng/min，误差为±2%。实验过程中，U 形石英型管放置于恒温槽中，其出口侧放置渗透管，进口侧放置玻璃珠。载气从装有玻璃珠的一侧进入以保证载气温度与汞源温度较为均匀，从另一侧将汞蒸气携带出来。恒温水浴槽为数控超级恒温槽，温度在室温～95℃范围之内可调，温度波动度值为±0.1℃，可为放置其中的 U 形石英型管提供恒定的温度。

标定过程选择与煤热解过程相同的载气（氮气）及流速（300mL/min）作为标定用载气及流速。通过控制不同的水浴温度调节汞入口浓度，待系统稳定后将由载气携带的气态元素汞带入 AFS 检测器，获取对应的响应面积。将 AFS 响应面积作横坐标，对应的汞浓度为纵坐标作图，得到如图 5-1 所示的标准曲线。对图 5-1 中数值进行一元线性回归分析，得出线性回归方程。由于原子荧光光谱仪对荧光信号的检测受实验环境的影响，使用前均需重新标定。

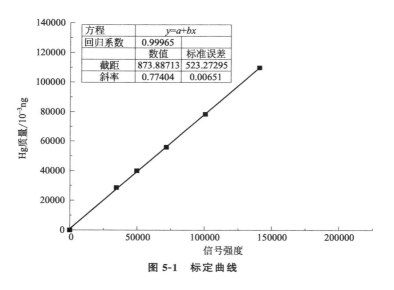

方程	$y=a+bx$	
回归系数	0.99965	
	数值	标准误差
截距	873.88713	523.27295
斜率	0.77404	0.00651

图 5-1　标定曲线

采用 Origin7.0 计算 3 种低热值煤层燃过程中元素汞的响应面积，根据每次标定的回归方程计算释放到气相中的元素汞量。

5.2　低热值煤中汞的赋存形态

3 种低热值煤在 N_2 气氛下程序升温热解过程中元素汞的动态逸出曲线如图 5-2 所示。

由图 5-2 可以看出，YW、YH 电厂低热值煤在 180～500℃时有一个宽的重叠峰，峰值大约在温度为 350℃处，这表明低热值煤中汞的赋存形态的多样性，根据文献上汞标准化合物热解时的释放特性[4-7]，峰值为350℃，释放温度区间为 180～500℃的汞可能为无机结合态汞（氯化汞、氯化亚汞、溴化汞）和有机结合态汞。此外，在 500～900℃温度范围内有另一个宽峰，峰值大约在温度为 600℃处，可能是黄铁矿结合态汞的释放[8-10]。Guo 等[10] 的研究表明煤中黄铁矿结合态汞的释放峰值为 600℃左右。同时，温度＞900℃时，YW 电厂低热值煤有一个小峰，可能来自硅酸盐结合态汞[8,10]。QX 电厂低热值煤在 180～500℃温度区间时有两个宽的重叠峰，根据文献上汞标准化合物热解时的释放特性[4-7]，180～550℃温度范围内释放的汞至少包含两种无机结合态汞（氯化汞、氯化亚汞、溴化汞）或有机结合态汞。此外，在 500～900℃温度区间下有另一个宽峰，峰值大约为 600℃，可能是黄铁矿结合态汞的释放[8-10]。

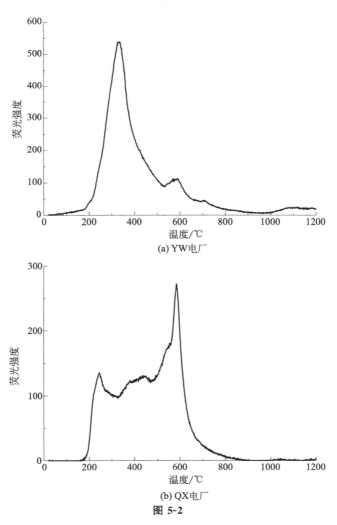

(a) YW电厂

(b) QX电厂

图 5-2

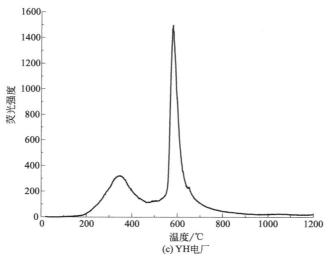

図 5-2   YW、QX 和 YH 电厂低热值煤热解过程中元素汞的释放曲线

由图 5-2 可以看出，YW 电厂低热值煤中，氯化汞、氯化亚汞、溴化汞或有机结合态汞是汞的主要赋存形态，黄铁矿结合态汞所占比例较小。而在在 QX、YH 电厂低热值煤中，黄铁矿结合态汞为汞的主要赋存形态。由表 5-2 可以看出，YW 电厂低热值煤中硫含量较少（0.25%），而 QX、YH 电厂低热值煤中硫含量较多（分别为 2.33% 和 2.03%）。3 种低热值煤中黄铁矿结合态汞含量与硫分正相关，说明 3 种低热值煤中的硫分绝大多数来自黄铁矿，与有机硫关系较小[2]。

5.3   不同低热值煤层燃过程中汞的释放

3 种低热值煤在空气气氛、1100℃下层燃过程中元素汞的动态逸出曲线见图 5-3，元素汞的释放比例见图 5-4，其中元素汞的释放比例为低热值（LCV）煤层燃释放出的元素汞量占低热值煤总汞量的百分数。

从图 5-3 可以看出，YW 和 QX 电厂低热值煤中汞均为瞬间释放达到最高值，然后逐渐降低，而 YH 电厂低热值煤中汞在瞬间释放达到最高值后，在下降过程中有突然升高现象。YH 电厂低热值煤汞释放的突然升高可能来自煤中硅酸盐结合态汞的释放，根据第 2 章的论述，硅酸盐结合态 Hg 的热稳定性较强，不易释放，而 1100℃ 的高温燃烧过程可在一定程度上促进其释放。YW 电厂和 QX 电厂低热值煤中汞的释放在下降过程中没有突然升高现象，说明 YW 电厂和 QX 电厂低热值煤中硅酸盐结合态汞的含量较少。

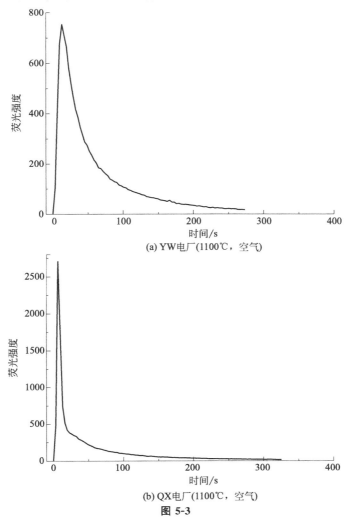

(a) YW电厂(1100℃，空气)

(b) QX电厂(1100℃，空气)

图 5-3

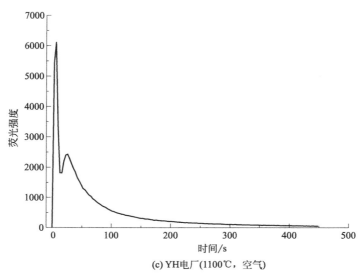

(c) YH电厂(1100℃, 空气)

图 5-3　YW、QX 和 YH 电厂低热值煤空气气氛下层燃过程中元素汞的动态逸出曲线

从图 5-4 可以看出，3 种低热值煤层燃过程中元素汞的释放比例差异较大，YH 电厂烟气中元素汞的释放比例最高，为 52.96%，YW 电厂最低，为 16.94%，大小顺序为 YH＞QX＞YW。刘彦等[11] 的研究表明，空气气氛 1000℃下 3 个煤样层燃时元素汞的释

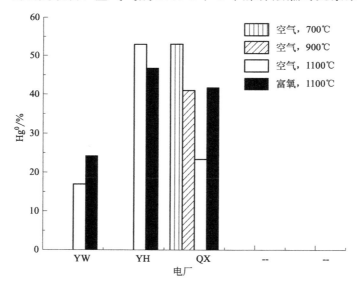

图 5-4　低热值煤层燃过程中元素汞的释放比例

放比例分别在 13%～43% 范围内。任建莉[12] 的研究表明，空气气氛下煤样层燃时元素汞的释放比例分别在 46%～83% 范围内。

低热值煤燃烧过程中，由于高温条件下大部分汞化合物的热力不稳定性，绝大部分汞转变成元素汞进入气相与烟气混合。Hg^0 蒸气随着烟气流动过程中，温度逐级降低，与其他气体发生化学反应。因为低热值煤处于层燃方式，煤样燃烧后不会产生飞灰进入烟气，Hg^0 处于较纯净的均相烟气中，所以 Hg^0 只与烟气中其他气体发生均相氧化反应，不发生多相催化氧化反应，Hg 的形态转化主要受烟气组分影响。由于不同煤种中元素分布的不同，燃烧时产生的烟气组分的分也会不同，从而导致了烟气中汞的形态的差异[11]。

Hg(g) 与烟气中的常见组分 HCl(g)、Cl_2、Cl、O_2 和 NO_2 发生的氧化反应式如下[11,13]：

$$Hg(g) + Cl_2(g) \longrightarrow HgCl_2(s,g) \tag{5-1}$$

$$Hg(g) + 2HCl(g) \longrightarrow HgCl_2(s,g) + H_2 \tag{5-2}$$

$$Hg(g) + Cl \xrightarrow{\text{催化剂}} HgCl \tag{5-3}$$

$$HgCl + Cl_2 \longrightarrow HgCl_2 + Cl \tag{5-4}$$

$$HgCl + HCl \longrightarrow HgCl_2 + H \tag{5-5}$$

$$HgCl + Cl \longrightarrow HgCl_2 \tag{5-6}$$

$$2Hg(g) + O_2 \longrightarrow 2HgO(s,g) \tag{5-7}$$

$$2Hg(g) + 4HCl(g) + O_2 \longrightarrow 2HgCl_2(s,g) + 2H_2O \tag{5-8}$$

$$4Hg(g) + 4HCl(g) + O_2 \longrightarrow 4HgCl + 2H_2O \tag{5-9}$$

$$Hg(g) + NO_2 \longrightarrow NO + HgO \tag{5-10}$$

前人研究发现 $Hg^0(g)$ 可与 $Cl_2(g)$［式(5-1)］和 HCl(g)［式(5-2)］迅速反应[14]，与 $NO_2(g)$［式(5-10)］的反应缓慢而不予考虑[15]。反应式(5-3)中的生成物 HgCl 不稳定，而反应式(5-4)～式(5-6)生成的 $HgCl_2$ 相对稳定。$HgCl_2$ 是燃煤烟气中气态二价汞的主要形式[16]，因为 $Hg^0(g)$ 可与烟气中的氯原子快速氧化，所以氯原子是烟气中 $HgCl_2$ 形成的关键因素[17]。燃煤过程 $Hg^0(g)$ 与氯原子发生氧化反应的程度取决于煤中氯元素的数量[11]。$SO_2(g)$ 和 NO 不直接和 Hg

发生反应，而是通过反应式（1-2）和式（1-3）消耗 Cl_2，从而使汞的氯化反应减弱，或者降低飞灰的催化活性[3]。此外，溴对烟气中 $Hg^0(g)$ 也有明显的氧化作用[18,19]。

结合上述内容，YW 电厂低热值煤中汞的主要赋存形态为氯化汞、氯化亚汞、溴化汞或有机结合态汞，黄铁矿结合态汞比例较少。而 QX 电厂和 YH 电厂低热值煤中汞的赋存形态为正好相反。相对于 QX、YH 电厂低热值煤，YW 电厂低热值煤燃烧时，较高的氯化汞、氯化亚汞、溴化汞或有机结合态汞比例会在烟气中形成较高浓度的氯原子或溴原子（以下简称卤元素），同时 YW 电厂煤中的低硫量使烟气中的 SO_2 浓度较低，高浓度的卤元素能促进 $Hg^0(g)$ 的氧化，而低浓度的 SO_2 浓度对 $Hg^0(g)$ 氧化的抑制作用相对较小，所以 YW 电厂低热值煤中 $Hg^0(g)$ 发生氧化反应的程度较高，导致元素汞的释放比例较小。而 QX、YH 电厂低热值煤中的高含硫量（表 4-2）导致烟气中的 SO_2 浓度较高，同时卤元素含量较少，较高的硫/卤元素比例抑制了 $Hg^0(g)$ 的氧化反应，所以元素汞的释放比例较大。

5.4　气氛对低热值煤层燃过程中汞的释放影响

随着环保政策日趋严格，同时实现低热值煤多种污染物的协同脱除成为国内外学者追求的技术方向。基于温室气体回收而提出的 O_2/CO_2 燃烧，也称富氧燃烧（Oxy-Fuel Combustion，OFC），和传统的空气气氛燃烧相比，富氧燃烧具有易回收 CO_2、煤种适应广和燃烧效率高等优势[20-22]；而且富氧燃烧可以实现对 CO_2、SO_2、NO_x 以及其他污染物的协同控制。此外，OFC 技术采用烟气再循环，可以增加烟气中重金属污染物与飞灰接触时间从而增加 Hg 和其他重金属的吸附[23,24]。O_2/CO_2 气氛下煤中汞的释放迁移条件与传统空气气氛完全不同[25,26]，然而富氧燃烧方式下的低热值煤中汞的释放研究鲜有报道，为实现低热值煤中汞及多种污染物释放控制，有必要对低热值煤富氧燃烧条件下汞的释放特性进行深入研究。本书对低热值煤在 O_2/CO_2 气氛下的层燃进行了研究，$O_2 : CO_2 = 1 : 3$，其他条件与空气气氛相同，结果见图 5-5。

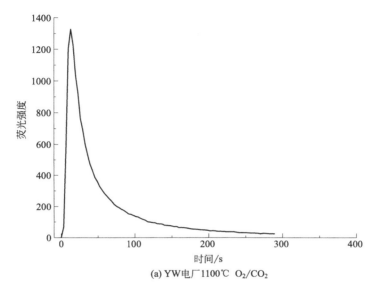

(a) YW电厂1100℃ O_2/CO_2

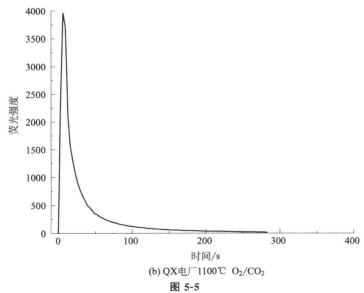

(b) QX电厂1100℃ O_2/CO_2

图 5-5

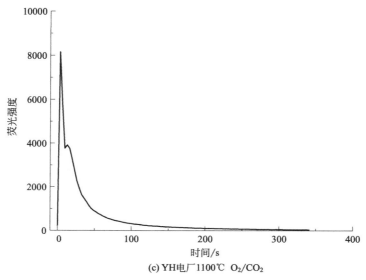

(c) YH电厂1100℃ O₂/CO₂

图 5-5   YW、QX 和 YH 煤富氧气氛下层燃过程中元素汞的动态逸出曲线

从图 5-5 可以看出，O_2/CO_2 气氛下，3 种低热值煤的释放曲线与空气气氛下类似，但汞瞬间释放强度都不同程度地增高，峰的下降速率变小。从图 5-4 可以看出，O_2/CO_2 气氛下，YW 电厂和 QX 电厂低热值煤中元素汞的释放比例增加，而 YH 电厂低热值煤中元素汞的释放比例减小。吴辉[3] 对比了 7 个煤样在 O_2/CO_2 气氛和空气气氛下的层燃，发现在 O_2/CO_2 气氛下，5 个煤样中元素汞的释放比例增加，2 个煤样中元素汞的释放比例显著减少。

虽然 CO_2 本身不与低热值煤反应，但有学者[3,11,27] 认为 CO_2 可将煤或半焦氧化为 CO，CO 的局部生成量在 O_2/CO_2 气氛下远大于空气气氛下，高浓度的 CO 会营造局部较强的还原性气氛，因而抑制了元素汞的氧化，即增加了元素汞的释放比例。

另一方面，有学者发现 O_2/CO_2 气氛下 NO 和 SO_2 的生成量均有所减少[3]，这是因为在高温条件下高浓度的 CO 对煤焦与 NO 反应的催化作用显著，从而增强了 NO 的还原，使得 NO 的生成量在 O_2/CO_2 气氛下比空气气氛下减小[28]。而 NO 和 SO_2 可通过反应式（1-2）和式（1-3）消耗 Cl_2，从而使汞的氯化反应减弱，低浓度的

NO 和 SO_2 通过反应消耗的 Cl_2 较小，所以元素汞的氧化程度相对增加，即减小了元素汞的释放比例。

可见，尽管低热值煤在 O_2/CO_2 气氛下燃烧有利于减少 NO 和 SO_2 排放，但是对于元素汞的释放影响较为复杂，因此对于富氧燃烧条件下低热值煤中汞的释放及控制还需深入研究。

5.5 温度对低热值煤层燃过程中汞的释放影响

QX 电厂低热值煤在空气气氛，700℃、900℃和1100℃温度下元素汞的动态逸出曲线见图 5-6。

如图 5-6 所示，随着反应温度的升高，QX 电厂低热值煤中元素汞的瞬间释放强度增大，而峰宽度变小，说明温度对元素汞的释放有较大影响。从图 5-6 可以看出，700℃、900℃和1100℃温度下，元素汞的释放比例逐渐降低，烟气中的元素汞比例从 53.01%、41.02% 降低到 23.36%，这与煤在层燃过程中元素汞的释放研究结果相似[3,11,12]。任建莉[12] 的研究表明，在氮气和氧气混合气氛层燃条件下，随着温度从 700℃ 升高到 1200℃，烟气中的元素汞比例从 82.8% 降低到 45.6%。刘彦等[11] 的研究表明，4 个煤样在空气气氛下层燃，随着反应温度的升高，元素汞的释放比例均不同程度地逐渐降低。

燃煤过程中 Hg^0 与氯原子发生氧化反应的程度取决于煤中氯原子的数量，层燃温度越高，从煤中释放出来的氯原子越多。另外，动力计算表明，在层燃过程中，随着烟气温度逐步降低，氯原子的浓度减小，而冷却速率越高，氯原子浓度降低的趋势则越缓慢[29]。根据傅立叶传热定律，假定烟气出口温度变化较小，层燃温度越高，烟气从层燃区域向出口方向运动过程中的冷却速率就越高。因此，较高的层燃温度会减缓氯原子浓度的降低，从而使烟气中氯原子浓度相对更高，即增加了 Hg^0 与氯原子反应的程度[11]。同时，较高浓度的氯原子转化为 HCl、Cl_2 的量相对较高，即 Hg^0 和 HCl 或 Cl_2 发生氧化反应的程度增强，使 Hg^{2+} 比例增大[12]。因此，随着低热值煤层燃温度的升高，元素汞的释放比例降低。

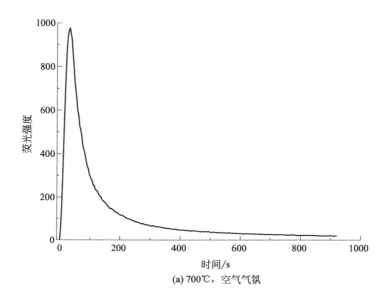

(a) 700℃，空气气氛

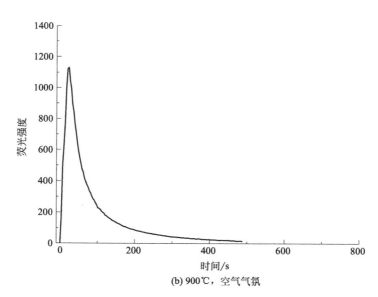

(b) 900℃，空气气氛

低热值煤热处理过程中汞的迁移和控制

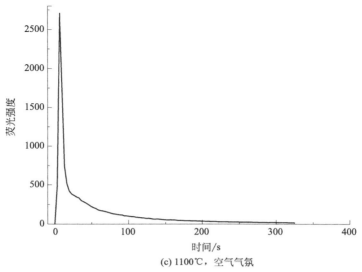

(c) 1100℃，空气气氛

图 5-6　QX 电厂低热值煤在不同层燃温度下元素汞的动态逸出曲线

5.6　低热值煤层燃过程中的总汞释放率

　　煤燃烧过程受各种反应条件的影响，包括燃烧温度、停留时间、燃烧气氛、压力、反应器类型、煤的粒径以及表观气速等[30]。本实验在空气气氛下，考查不同的温度（800℃、900℃、1000℃、1100℃）和停留时间（10s、20s、30s、40s、50s）对 QX 电厂低热值煤层燃过程中的总汞释放率影响。在此，用总汞释放率（RR）表示低热值煤层燃过程中释放出的总汞量占低热值煤中总汞量的百分数。其计算公式见式(5-11)。

$$RR = \frac{C_C - C_A R_A}{C_C} \times 100\% \qquad (5\text{-}11)$$

式中　C_C——燃料中的 Hg 含量，ng/g；

C_A——灰渣中 Hg 含量，ng/g;

R_A——灰渣产率,%。

用挥发分产率（VY）表示低热值煤层燃过程中损失的质量占低热值煤质量的百分比。其计算公式见式(5-12)。

$$VY = \left(1 - \frac{M_A}{M_C}\right) \times 100\% \qquad (5\text{-}12)$$

式中　M_C——低热值煤质量，g;

M_A——灰渣质量，g。

图 5-7 为总汞释放率在不同温度和停留时间下的变化曲线，图 5-8 为挥发分产率在不同温度和停留时间下的变化曲线。

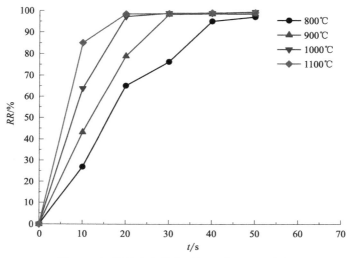

图 5-7　不同温度和停留时间下的总汞释放率

由图 5-7 可知，在层燃过程中 QX 电厂低热值煤的汞极易释放，不同温度下，20s 时间内的总汞释放率的范围为 65.07%～98.36%，加热 50s 后总汞释放率均达到 96% 以上。说明低热值煤中的汞在层燃过程中瞬间释放到气相中，在固相灰渣中残留的量很少。

当层燃温度为 800℃，停留时间为 10s 时的总汞释放率仅为 26.83%，停留时间为 50s 时汞仍有释放。而当层燃温度为 1100℃，停留时间为 10s 时的总汞释放率已达到 84.99%，停留时间为 20s 时

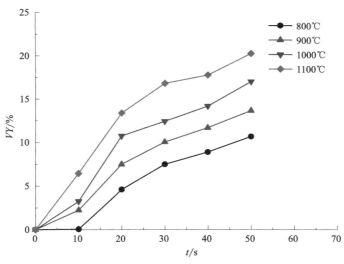

图 5-8 不同温度和停留时间下的挥发分产率

的总汞释放率达到 98.36% 并趋于稳定。这说明层燃温度对总汞释放率有很大影响。从反应热力学的角度考虑，温度的提高有利于汞析出的反应。本章实验结果表明，在停留时间为 20s 以内，总汞释放率随着温度的升高而增大，说明温度对总汞释放有显著影响。

当层燃温度为 800℃，停留时间从 10s 增加到 50s 时，总汞释放率从 26.83% 增加到 96.84%，总汞释放率随着停留时间的增加而增大，这说明停留时间对总汞释放率也有较大影响。随着温度增加，当层燃温度为 1000℃ 和 1100℃ 时，停留时间为 20s 时总汞释放率达到 97% 并趋于稳定，停留时间的增加对总汞释放率的影响已不太显著。

总之，当停留时间小于 20s 时，总汞释放率随着温度和停留时间的增加而增大；当总汞释放率达到 98% 时，其增长缓慢并趋于稳定。

不同温度和停留时间下的挥发分产率如图 5-8 所示。

由图 5-8 可知，当层燃温度为 1100℃，停留时间为 50s 时，挥发分产率最大，为 20.3%。挥发分产率始终随着温度和停留时间的增加而增加。对比图 5-7 可知，挥发分产率和总汞释放率不同，因为高温（1000℃ 和 1100℃）下总汞释放率迅速达到最大值并趋于稳定。说明汞比低热值煤自身基质更容易挥发。

本实验所有温度范围内，挥发分产率在20s停留时间内的增长速率明显高于20s后，前20s停留时间内挥发分产率占到总挥发分产率的50%以上。对比图5-7可知，总汞释放率也可发现此趋势。说明挥发分的释放能促进汞的释放，随着低热值煤中挥发分快速挥发，使得焦炭孔隙增大，加速气态的汞在焦炭空隙中的扩散，从而使得汞的挥发速率变快，相应的其总汞释放率增大[31]。

以山西省3个低热值煤电厂的燃料为对象，主要在管式炉装置上，采用TPD-AFS技术研究了低热值煤中汞的赋存形态，考查了不同层燃温度和气氛下，低热值煤层燃过程中汞的动态逸出特征和释放率。结论如下：

① 3种低热值煤中汞的释放的主峰在180～500℃和500～900℃温度区间，YW电厂低热值煤中汞的主要赋存形态为氯化汞、氯化亚汞、溴化汞或有机结合态汞。QX电厂和YH电厂低热值煤中的主要赋存形态为黄铁矿结合态汞。3种低热值煤中黄铁矿结合态汞含量与硫分正相关。

② 空气气氛下，低热值煤层燃过程中汞的释放特征类似，都为瞬间释放达到最高值，然后逐渐降低。不同低热值煤中元素汞的释放比例不同，YH电厂低热值煤最高为42.53%，YW电厂低热值煤最低为13.35%，低热值煤中氯元素和硫元素的含量对烟气中汞的形态分布有较大影响。

③ O_2/CO_2气氛下，3种低热值煤的释放曲线与空气气氛下类似，但汞瞬间释放强度都不同程度地增高，峰的下降速率变小。O_2/CO_2气氛下，YW和QX电厂低热值煤在元素汞的释放比例增加，而YH电厂低热值煤元素汞的释放比例减小。O_2/CO_2气氛对元素汞的释放影响较为复杂。

④ 随着反应温度升高，元素汞瞬间释放强度增大，峰宽度变小，元素汞含量逐渐降低。主要原因为较高的层燃温度可使烟气中氯原子浓度相对更高，从而增加元素汞发生氧化反应的概率，降低了元素汞的释放比例。

⑤ QX电厂低热值煤层燃过程中汞极易释放，800～1100℃温度

范围内，加热 50s 后汞的释放率均达到 96％以上。当停留时间小于 20s 时，总汞释放率随着温度和停留时间的增加而增大。当总汞释放率达到 98％时，其增长缓慢并趋于稳定。挥发分产率始终随着温度和停留时间的增加逐渐增加。挥发分的释放能促进汞的释放。

参 考 文 献

[1] Kevin C. Galbreath C J Z. Mercury Transformations in Coal Combustion Flue Gas [J]. Fuel Processing Technology, 2000, 65 (99): 289-310.

[2] 张成.煤中汞与矿物相关特性及燃烧前汞硫脱除的实验及机理研究 [D].武汉：华中科技大学，2009.

[3] 吴辉.燃煤汞释放及转化的实验与机理研究 [D].武汉：华中科技大学，2011.

[4] Lopez-Anton M A, Yuan Y, Perry R, et al. Analysis of mercury species present during coal combustion by thermal desorption [J]. Fuel, 2010, 89 (3): 629-634.

[5] Biester H, Scholz C. Determination of Mercury Binding Forms in Contaminated Soils: Mercury Pyrolysis versus Sequential Extractions [J]. Environmental Science & Technology, 1997, 31 (1): 233-239.

[6] Wu S, Uddin M A, Nagano S, et al. Fundamental Study on Decomposition Characteristics of Mercury Compounds over Solid Powder by Temperature-Programmed Decomposition Desorption Mass Spectrometry [J]. Energy & Fuels, 2011, 25 (1): 144-153.

[7] Rumayor M, Lopez-Anton M A, Díaz-Somoano M, et al. A new approach to mercury speciation in solids using a thermal desorption technique [J]. Fuel, 2015, 160: 525-530.

[8] Zhai J, Guo S, Wei X-X, et al. Characterization of the Modes of Occurrence of Mercury and Their Thermal Stability in Coal Gangues [J]. Energy & Fuels, 2015, 29 (12): 8239-8245.

[9] Luo G, Ma J, Han J, et al. Hg occurrence in coal and its removal before coal utilization [J]. Fuel, 2013, 104: 70-76.

[10] Guo S, Yang J, Liu Z. Characterization of Hg in Coals by Temperature-Programmed Decomposition-Atomic Fluorescence Spectroscopy and Acid-Leaching Techniques [J]. Energy & Fuels, 2012, 26 (6): 3388-3392.

[11] 刘彦，韦宏敏，徐江荣，等.O_2/CO_2 与空气对燃煤汞形态分布的影响 [J].中国电机工程学报，2008，28 (11): 48-53.

[12] 任建莉.燃煤过程汞析出及模拟烟气中汞吸附脱除试验和机理研究 [D].杭州：浙江

大学，2003.

[13] Hall B，Schager P，Lindqvist O. Chemical reactions of mercury in combustion flue gases [J]. Water Air & Soil Pollution，1991，56（1）：3-14.

[14] Hall B，Schager P，Lindqvist O. Chemical reactions of mercury in combustion flue gases [J]. Water Air & Soil Pollution，1991，56（1）：3-14.

[15] Niksa S，Helble J J，Fujiwara N. Kinetic modeling of homogeneous mercury oxidation：the importance of NO and H_2O in predicting oxidation in coal-derived systems [J]. Environmental Science & Technology，2001，35（18）：3701-3706.

[16] Senior C L，Helble J J，Sarofim A F. Emissions of mercury，trace elements，and fine particles from stationary combustion sources [J]. Fuel Processing Technology，2000，s 65-66（00）：263-288.

[17] Sliger R N，Kramlich J C，Marinov N M. Towards the development of a chemical kinetic model for the homogeneous oxidation of mercury by chlorine species [J]. Fuel Processing Technology，2000，65-66（99）：423-438.

[18] Ling L，Zhao S，Han P，et al. Toward predicting the mercury removal by chlorine on the ZnO surface [J]. Chemical Engineering Journal，2014，244（1）：364-371.

[19] 睢辉，张梦泽，董勇，等. 燃煤烟气中单质汞吸附与氧化机理研究进展 [J]. 化工进展，2014，33（6）：1582-1588.

[20] Suriyawong A，Gamble M，Lee M，et al. Submicrometer Particle Formation and Mercury Speciation Under O_2-CO_2 Coal Combustion [J]. Energy & Fuels，2006，20（6）：2357-2363.

[21] Wang H，Duan Y，Xue Y，et al. Effects of different kinds of coal on the mercury distribution in a 6 kWth circulating fluidized bed under air and O_2/CO_2 atmosphere via experiment and thermodynamic equilibrium calculation [J]. Journal of the Energy Institute，2017，90（2）：229-238.

[22] Wu H，Qiu J R，Zeng H C，et al. Experimental study of Hg emissions from coal combustion under O_2/CO_2 combustion mode [J]. Journal of Engineering for Thermal Energy & Power，2010，25（4）：427-431.

[23] Wang H，Duan Y，Li Y，et al. Experimental Study on Mercury Oxidation in a Fluidized Bed under O_2/CO_2 and O_2/N_2 Atmospheres [J]. Energy & Fuels，2016，30（6）.

[24] Wang H，Duan Y，Mao Y. Mercury Speciation in Air-Coal and Oxy-Coal Combustion [M]. Springer Berlin Heidelberg，2013.

[25] Jano-Ito M A，Reed G P，Millan M. Comparison of Thermodynamic Equilibrium Predictions on Trace Element Speciation in Oxy-Fuel and Conventional Coal Combustion Power Plants [J]. Energy & Fuels，2014，28（7）：4666-4683.

低热值煤热处理过程中汞的迁移和控制

[26] Suriyawong A，Biswas P. Homogeneous mercury oxidation under simulated flue gas of oxy-coal combustion [J]. Engineering Journal，2013，17（4）：35-45.

[27] 郭少青，杨建丽，刘振宇.热解气氛对晋城煤中汞析出的影响 [J].燃料化学学报，2008，36（4）：397-400.

[28] Hu Y，Naito S，Kobayashi N，et al. CO_2，NO_x and SO_2 emissions from the combustion of coal with high oxygen concentration gases [J].Fuel，2000，79（15）：1925-1932.

[29] Senior C L，Sarofim A F，Zeng T，et al. Gas-phase transformations of mercury in coal-fired power plants [J]. Fuel Processing Technology，2000，63（2）：197-213.

[30] 齐庆杰，刘建忠，曹欣玉，等.煤燃烧过程中氟析出特性与生成机理 [J].燃料化学学报，2003，31（5）：400-404.

[31] 邹潺，王春波，王贺飞，等.燃煤过程中砷挥发特性及动力学特性的研究 [J].动力工程学报，2017，37（5）：349-355.

第 **6** 章

低热值煤飞灰对汞的吸附特性

燃煤电厂汞排放的控制方法可分为燃烧前脱汞，如煤炭洗选和温和热解技术除汞；燃烧中脱汞，如循环流化床燃烧和掺烧石灰石等；燃烧后脱汞，如固体吸附剂注入、利用和提高现有的污染物控制装置除汞等。利用和提高现有的污染物控制装置（如 ESP 和 FF 的飞灰吸附/氧化汞）是目前应用最广的脱汞技术，烟气中喷入活性炭来吸附气态汞被认为是最成熟、有效的脱汞技术。但因活性炭造价太高，限制了其在燃煤电厂汞控制中的应用。研究表明，未燃尽炭含量高的飞灰具有相当于活性炭等吸附剂的吸附作用[1,2]，可将飞灰重新再注入烟气中来捕集燃煤烟气中的汞[3]，中试结果表明将飞灰再注入后通过布袋除尘器除尘，在 $135\sim160\,℃$ 温度范围内汞的脱除率随着飞灰含碳量的增加而升高[4]。因此，飞灰作为昂贵活性炭的替代品，具有极大的应用潜力[5]。飞灰对汞的吸附主要通过物理吸附、化学吸附和化学反应三种方式。一般认为，飞灰对 Hg^0 的吸附过程受飞灰的性质和烟气条件影响。飞灰的性质如比表面积、未燃尽炭和金属氧化物等。烟气条件主要包括反应温度、烟气停留时间、空气速率和烟气成分等。有学者认为飞灰对汞的吸附效率主要由未燃尽炭的组成、反应活性和比表面积等决定[6,7]。赵永椿等[5] 发现不同的燃煤飞灰对汞均有不同程度的吸附能力，影响飞灰脱汞能力的主要因素是飞灰中各向异性炭颗粒尤其是多孔网状结构炭的含量。也有学者发现飞灰中无机组分和烟气组分对 Hg^0 的吸附/氧化有一定的促进作用[8]。部分学者研究了飞灰的无机组分对 Hg^0 的吸附/氧化能力，Wang 等[9] 的研究发现在 N_2 气氛下，Al_2O_3、Fe_2O_3 和 TiO_2 对 Hg^0 有一定的吸附作用，CaO 和 MgO 没有吸附作用。张锦红[10] 的研究表明在模拟烟气下，SiO_2、TiO_2、CaO 和 MgO 对 Hg^0 没有吸附作用。目前，飞灰对汞的吸附脱除机理仍无统一定论[5,11]。

本章在小型固定床试验台上测试了不同条件下低热值煤飞灰的汞穿透率和吸附量等吸附特性参数；通过 TPD-AFS 技术分析飞灰吸附 Hg^0 前后汞的赋存形态变化，直观地揭示了飞灰对汞的吸附/氧化机理，并探讨和分析了飞灰物理化学特性、进口浓度、温度和气氛对汞吸附性能的影响，以期促进低热值煤燃烧过程中汞的控制技术发展。

6.1 材料和方法

本章选取的 3 个飞灰样品来自第 4 章所述的余吾（YW）、永浩（YH）和沁新（QX）低热值煤电厂，样品在使用前过 100 目筛网。采用第 2 章所述的 TPD-AFS 技术研究飞灰吸附 Hg^0 前后汞的赋存形态变化。对飞灰中常见的标准汞化合物进行 TPD-AFS 实验，实验开始前在马弗炉对 YW 电厂低热值煤飞灰加热 650℃，保温 2h，保证飞灰中的汞完全释放。称取 0.1g 的标准汞化合物（以 $HgCl_2$ 为例）与 0.9g 的飞灰相互混合均匀，配制浓度为 0.1g/g 的 $HgCl_2$/飞灰混合物，对 $HgCl_2$/飞灰混合物和飞灰继续按照上述比例稀释，直至 $HgCl_2$/飞灰混合物中汞的浓度为 10^{-9} 级，然后称取 0.1g 飞灰混合物进行 TPD-AFS 实验。

低热值煤电厂飞灰吸附气态汞的小型试验台（图 6-1）主要由汞蒸气发生装置部分、汞吸附装置和原子荧光光谱仪等组成。汞蒸气发生装置部分见第 4 章。汞吸附装置主要由固定床吸附反应器和恒温水

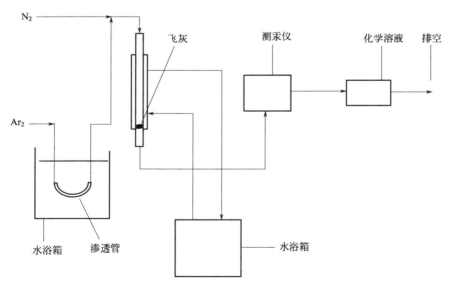

图 6-1　气态汞吸附装置示意

浴组成。固定床吸附反应器由内外双层石英管组成，内管直径约20mm，内管下端的烧结石英微孔板上放置玻璃纤维载体，1g飞灰均匀铺放于玻璃纤维载体上，飞灰床层厚度约为5mm；外管通入恒温水浴的热水进行控温。汞渗透管置于U形管中放于恒温水槽中，产生的汞蒸气由流量为350mL/min的高纯氩气携带并与650mL/min的氮气混合，进入汞吸附装置进行吸附，吸附完的汞蒸气由原子荧光光谱仪在线分析测量，废气采用化学溶液吸收，测量的数据实时传输至计算机保存。对每个工况进行试验前，都要对渗透管中的汞浓度进行连续测定，直至恒定为止。

判断吸附剂的汞吸附性能主要有3个指标，即穿透率、脱汞效率和单位吸附剂的汞容积量。穿透率代表在吸附层内进行吸附的组分浓度。一般情况下，在相同烟气流量、吸附剂用量和汞浓度下，吸附剂的穿透率值越小，穿透所需时间越长，吸附剂的脱汞效率就越高，汞容积量就越大，脱汞效果也就越好。本章主要以吸附剂某时刻的穿透率为指标研究飞灰的汞吸附性能，用单位质量飞灰吸附的汞容积量进行辅助研究。

穿透率的计算[12,13] 如下：某一时刻，固定床出口气体的汞浓度 C 与入口处汞的初始浓度 C_0 之间的比值称为穿透率 Ψ：

$$\Psi = \frac{C}{C_0} \times 100\% \tag{6-1}$$

则某时刻的吸附效率为 η：

$$\eta = 1 - \Psi \tag{6-2}$$

以时间 t 为横坐标，吸附效率 h 为纵坐标，可以绘制出 Hg^0 的吸附效率曲线，从吸附开始到 t 时刻为止，单位质量飞灰吸附的汞总量 q 可用下式表达[14]：

$$q = \frac{QC_0 \int_0^t \eta \, \mathrm{d}_t}{m} = \frac{A_a C_0}{m} \tag{6-3}$$

式中　q——某时刻的单位吸附量，ng/g；

　　　Q——通过吸附剂层的单位时间内的载气流量，m³/min；

　　　t——吸附时间，min；

m——吸附剂的质量，g；

A_a——吸附效率曲线下方所包围的面积，如图 6-2 所示的黑色
区域。

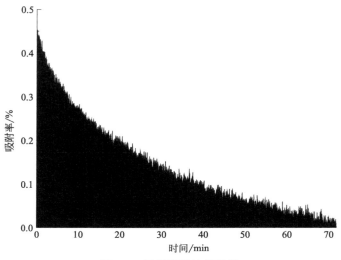

图 6-2　汞吸附量计算示意

6.2　燃煤飞灰的物理性质

采用 BET 比表面积测试法（TriStar II 3020 Version 3.02）测量
了 3 个飞灰的比表面积，采用 X 射线衍射仪（D8 ADVANCE X）测
量了飞灰中的矿物质成分，结果见表 6-1。王福元等[15] 调查了我国
68 个电厂典型的粉煤灰的化学组成，其平均值见表 6-1。

表 6-1　飞灰的矿物质成分

项目	YH	YW	QX	平均值
SiO_2	48.69	49.74	31.07	50.6
Al_2O_3	39.15	33.35	17.24	27.2
Fe_2O_3	3.46	3.14	5.09	7

项目	YH	YW	QX	平均值
CaO	4.5	6.61	32.02	2.8
MgO	0.36	0.82	1.36	1.2
TiO$_2$	1.13	1.23	0.59	—
SO$_3$	0.69	2.11	11.35	0.3
K$_2$O	0.5	0.95	0.6	1.3
Na$_2$O	0.06	0.68	0.14	0.5
P$_2$O$_5$	0.2	0.22	0.17	—
LOI ％	10.59	25.66	14.7	8.2
SA/(m^2/g)	8.4777	26.2705	8.6276	3.4

注：LOI 表示烧失量；SA 表示比表面积；—表示文献中无此数据

由表 6-1 可知，YH 和 YW 电厂低热值煤飞灰的矿物质含量相似，主要成分为二氧化硅（SiO$_2$）和三氧化二铝（Al$_2$O$_3$），氧化钙（CaO）和三氧化二铁（Fe$_2$O$_3$）含量次之，氧化镁（MgO）、二氧化钛（TiO$_2$）、三氧化硫（SO$_3$）、氧化钾（K$_2$O）、氧化钠（Na$_2$O）和五氧化二磷（P$_2$O$_5$）的含量很少。QX 电厂低热值煤飞灰的主要组成成分为氧化钙（CaO）、二氧化硅（SiO$_2$）和三氧化二铝（Al$_2$O$_3$），三氧化硫（SO$_3$）和三氧化二铁（Fe$_2$O$_3$）含量次之，氧化镁（MgO）、二氧化钛（TiO$_2$）、氧化钾（K$_2$O）、氧化钠（Na$_2$O）和五氧化二磷（P$_2$O$_5$）的含量很少。

YH 电厂低热值煤飞灰和 YW 电厂低热值煤飞灰的二氧化硅（SiO$_2$）和三氧化二铁（Fe$_2$O$_3$）含量低于平均值，三氧化二铝（Al$_2$O$_3$）和氧化钙（CaO 高于平均值。QX 电厂低热值煤飞灰的氧化钙含量（CaO）远高于平均值，可能与掺烧氧化钙脱硫有直接关系。二氧化硅（SiO$_2$）、三氧化二铁（Fe$_2$O$_3$）和三氧化二铝（Al$_2$O$_3$）含量低于平均值。

3 个飞灰的比表面积从大到小的顺序为 YW（26.2705m^2/g）＞QX（8.6276m^2/g）＞YH（8.4777m^2/g），YW 电厂低热值煤飞灰的比表面积远大于 QX 电厂低热值煤飞灰和 YH 电厂低热值煤飞灰。王福元等[15] 采用氮气吸附法测量的飞灰比表面积范围为 0.8～19.5m^2/g，

均值为 $3.4 m^2/g$。本章 3 个飞灰的比表面积远大于上述均值。

3 个电厂低热值煤飞灰的未燃尽炭含量从大到小的顺序为：YW 飞灰（25.66％）＞QX 飞灰（14.7％）＞YH 飞灰（10.5％）。3 个电厂的未燃尽炭含量高于平均值，主要是因为低热值煤燃烧特性差，而且不同煤质的低热值煤进行掺混燃烧时，燃烧特性指数迅速增大，燃烧速度下降，当煤质相差较大时燃烧速度下降尤其突出，并可能导致燃尽性能下降[16]。

6.3 低热值煤飞灰中汞的赋存形态

3 个低热值煤电厂飞灰在程序升温热解过程中元素汞的动态逸出曲线见图 6-3。

如图 6-3 所示，3 个飞灰样品中的汞均在 150℃ 左右开始释放，当温度达到 600℃ 时所有飞灰样品中的汞基本停止释放。QX 电厂低热值煤飞灰在 270℃ 左右有一个峰肩，在 295℃ 左右有一个主峰，在

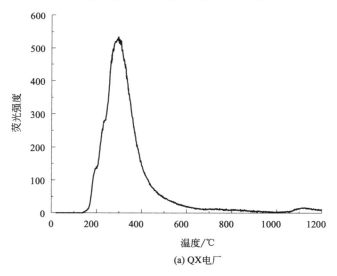

(a) QX电厂

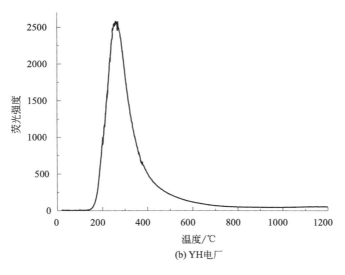

(b) YH电厂

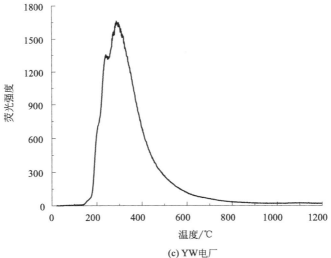

(c) YW电厂

**图 6-3   QX、YH 和 YW 电厂低热值煤飞灰程序升温热解过程中
元素汞的动态逸出曲线**

1150℃左右存在一个小峰。YH 电厂低热值煤飞灰在 260℃左右有个主峰。YW 电厂低热值煤飞灰中汞 240℃左右有一个峰肩，在 290℃左右有一个主峰。根据第 3 章叙述，不同峰值温度代表飞灰中不同汞化合物的热解温度。飞灰中的常见汞化合物包括 $HgCl_2$、HgO、

HgSO$_4$ 和 HgS 等[9,17-20]。

为了确定飞灰中汞的赋存形态，前人对飞灰基标准汞化合物的热解方面做了许多工作[9,17,18,20]，表 6-2 列出了文献中的各种飞灰基汞化合物热解温度范围和峰值温度。

表 6-2　飞灰基汞化合物的热解温度范围和峰值

汞化合物	释放温度范围/℃	主峰温度/℃
HgCl$_2$	70～280	104±8[17]
	—	240[9]
	50～200	85±10[18]
	—	120[20]
黑色 HgS	156～285	218±9
	—	259
	170～300	265±15
	—	—
红色 HgS	210～330	282±10
	—	350
	210～330	290±10
	—	350
红色 HgO	404～505	466±8
	—	312
	200～480	430±20
	—	500
HgSO$_4$	423～648	551±5
	—	540
	480～590	570±15

从表 6-2 中可以看出，由于加热条件和飞灰基的差异，汞化合物的热解温度范围和峰值温度不一致。本书对飞灰中常见的汞形态 HgCl$_2$ 和 HgO 的标准汞化合物进行 TPD 实验，以对照参考文献中标准汞化合物的热解温度范围和峰值温度。YW 电厂低热值煤飞灰基 HgCl$_2$ 和 HgO 热解过程中汞的释放特征见图 6-4。

由图 6-4 可以看出，YW 电厂低热值煤飞灰基/HgCl$_2$ 中汞的起始释放温度约为150℃，主峰温度为255℃左右。YW电厂低热值煤飞灰基/HgO中汞的起始释放温度约为120℃，主峰温度为315℃左右，与表6-2中文献［9］报道的飞灰基/HgCl$_2$的峰值温度（240℃），飞灰基/HgO的峰值温度（312℃）接近。

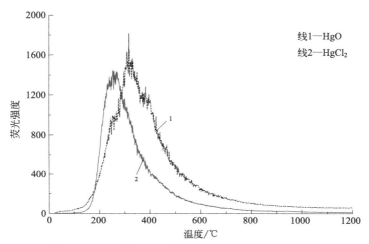

图6-4 HgCl$_2$和HgO热解过程中元素汞的释放曲线

YH电厂低热值煤飞灰在260℃左右有个主峰，QX飞灰在270℃左右有一个峰肩，YW电厂低热值煤飞灰中汞240℃左右有一个峰肩，与飞灰基/HgCl$_2$的主峰温度接近，应为HgCl$_2$的释放。QX电厂低热值煤飞灰在295℃左右有一个主峰，YW电厂低热值煤飞灰在290℃左右有一个主峰，与表6-2中文献［18］的报道的HgS主峰温度（290℃±10℃）接近，应为HgS的释放。需要说明的是由于3个飞灰不同，其某一汞化合物的释放温度也有差异。YW电厂低热值煤飞灰和QX电厂低热值煤飞灰中含汞化合物的主要形态为HgS，其次为HgCl$_2$，这与前人的研究结果一致。Yang等[17]和Rumayor等[21]的研究表明飞灰中汞的主要赋存形态为HgS。Lopez-Anton等[22]和殷立宝等[23]的研究表明飞灰中汞的主要赋存形态为HgCl$_2$和HgS。YH电厂低热值煤飞灰中含汞化合物的主要形态为HgCl$_2$，这和大部分学者对燃煤飞灰中汞的主要汞化合物为HgCl$_2$的认识一致[18,20]。

根据第 3 章结论，硅酸盐结合态汞的热分解温度为 1100℃，QX
电厂低热值煤飞灰在 1150℃ 存在的小峰应该为硅酸盐结合态汞。飞
灰中的 HgS 或 $HgCl_2$ 来源于低热值煤燃烧过程中释放的 Hg^0 和氯化
物或硫化物发生的均相氧化反应和多相催化氧化反应。由于硅酸盐不
和 Hg^0 发生反应，而硅酸盐结合态汞的热分解温度（1100℃）高于
普通循环流化床的运行床温 850~950℃，因此飞灰中的硅酸盐结合
态汞来自低热值煤燃烧过程中未发生热分解的硅酸盐结合态汞。

6.4　低热值煤飞灰中汞的吸附特性

平衡气体为 N_2，吸附温度为 35℃，汞入口汞浓度为 40ng/min，
3 个飞灰对汞的吸附穿透曲线见图 6-5。

如图 6-5 所示，实验开始后，烟气中的汞均有不同程度的下降，
其中 YW 电厂低热值煤飞灰的下降程度最大，达到初始值的 55% 左
右，而 QX 和 YH 电厂低热值煤下降为初始值的 70% 左右。对比 3
个电厂飞灰的汞吸附效率，YH 电厂低热值煤飞灰的汞吸附效率最
低，30min 后总汞浓度就逐渐接近初始值。YW 电厂低热值煤飞灰的

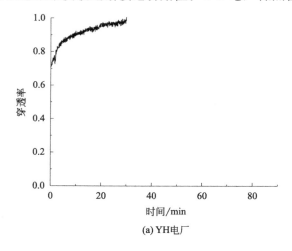

(a) YH电厂

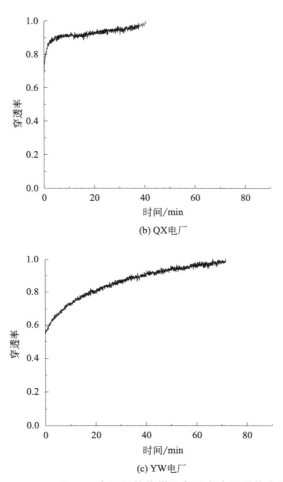

(b) QX电厂

(c) YW电厂

图 6-5 QX、YH 和 YW 电厂低热值煤飞灰固定床吸附的穿透曲线

汞吸附效率较高，经过 95min 的反应后，其吸附趋于饱和。3 个飞灰对 Hg^0 的吸附效率从大到小的顺序为：YW 飞灰＞QX 飞灰＞YH 飞灰。

　　飞灰对 Hg^0 的吸附机理非常复杂，由物理吸附和化学吸附共同作用，与其物理特性、未燃尽炭、无机化学成分及烟气成分等因素密切相关[19,24,25]。为揭示 N_2 气氛下飞灰对 Hg^0 的吸附/氧化作用，对汞吸附平衡的飞灰进行 TPD-AFS 实验，比较飞灰吸附汞前后的赋存形态变化，结果见图 6-6。

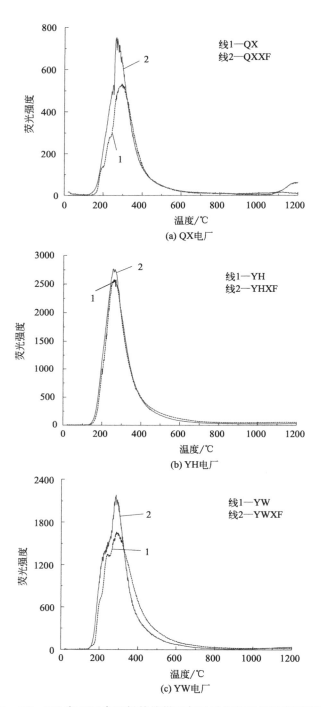

线1—QX
线2—QXXF

(a) QX电厂

线1—YH
线2—YHXF

(b) YH电厂

线1—YW
线2—YWXF

(c) YW电厂

图 6-6　QX、YH 和 YW 电厂低热值煤飞灰吸附汞前后的赋存形态变化

从图 6-6 可以看出，吸附前后 3 个飞灰中汞的释放温度范围和主峰温度基本一致，这说明 N_2 气氛下飞灰对 Hg^0 除了吸附作用还可能发生了氧化反应。由于飞灰中自身存在汞，飞灰吸附 Hg^0 前后汞的赋存形态变化不是很明显，为了进一步证实飞灰对 Hg^0 的吸附氧化作用，对低热值煤飞灰进行预加热去除其中的汞，再进行 Hg^0 吸附。一般认为，飞灰中未燃尽炭对 Hg^0 的吸附氧化起主要作用[9,26,27]。加热温度越高，未燃尽炭损失越多，吸附氧化效果越差。3 个飞灰中主峰温度最大为 295℃ 左右，兼顾飞灰中汞的去除和未燃尽炭保留，本书将干燥的飞灰样品在 350℃ 下灼烧 2h 预处理，再进行 Hg^0 吸附，吸附条件和上文相同。对预处理飞灰和汞吸附平衡的预处理飞灰进行 TPD-AFS 实验，比较预处理飞灰吸附汞前后的赋存形态变化，结果见图 6-7。预处理飞灰分别标记为 QXH、YHH 和 YWH，汞吸附平衡的预处理飞灰分别标记为 QX-HXF、YHHXF 和 YWHXF。

从图 6-7 可以看出，预处理后 QX 和 YW 电厂低热值煤飞灰有极少的汞释放，说明飞灰中的汞基本去除。YH 电厂低热值煤飞灰在 500℃ 左右存在一个主峰，说明飞灰中仍残余部分汞，主要因为 YH 电厂低热值煤飞灰中汞含量较高。吸附后 3 个飞灰中的汞均在 100℃ 左右开始释放，主峰温度为 260℃ 左右，YH 电厂低热值煤飞灰吸附前后 500℃ 左右的主峰强度基本没有变化。3 个飞灰中汞的起始释放温度均提起到 100℃ 左右，基于目前学者们的研究[9,17,18,20]，飞灰中释放温度最低的氧化态汞为 $HgCl_2$，而 YW 电厂低热值煤飞灰基/$HgCl_2$ 的起始释放温度约为 150℃，因此 3 个飞灰中 100℃ 左右释放的汞归因于 Hg^0 的释放，说明飞灰对 Hg^0 有吸附作用。结合前文分析，YW 电厂低热值煤飞灰基/$HgCl_2$ 的主峰温度为 255℃ 左右，因此 3 个飞灰中 260℃ 左右释放的汞为 $HgCl_2$。说明飞灰对 Hg^0 的吸附/氧化机理主要为 Hg^0 的氧化反应，Hg^0 被氧化生成了 $HgCl_2$，这与前人的研究结果一致[9,27]。Wang 等[9] 的研究表明，N_2 气氛下飞灰对 Hg^0 的吸附主要是 Hg^0 转化为 $HgCl_2$ 的氧化反应。郑楚光等[27] 研究了 N_2 气氛下飞灰对 Hg^0 的吸附，结果表明飞灰对 Hg^0 同时存在吸附与氧化作用。

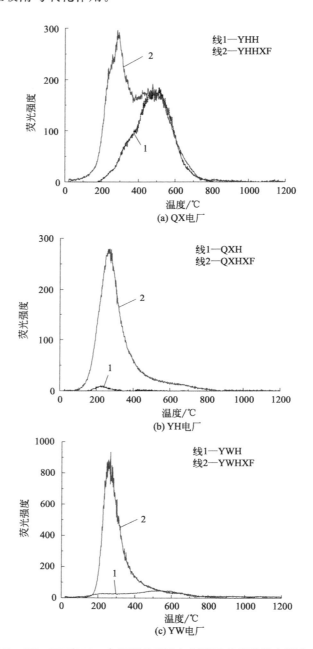

图 6-7 QX、YH 和 YW 电厂预处理飞灰吸附汞前后的赋存形态变化

N_2 与 Hg^0 不会发生均相氧化反应生成 $Hg^{2+}X(g)$，飞灰与 Hg^0 的非均相氧化反应是 Hg^0 转化为 $Hg^{2+}X(s)$ 的重要因素[9,27]。N_2 并不是 Hg^0 氧化的氧化剂，说明 Hg^0 的氧化来自飞灰本身，飞灰对 Hg^0 的氧化来自飞灰中的氯[9]。在飞灰加热到 350℃ 左右时，飞灰中的绝大部分氯化物仍将保留[9]。当含汞烟气经过飞灰层时，在飞灰表面含氯官能团的作用下发生氧化反应，活性氯原子促使 Hg^0 氧化为 $HgCl_2$。其反应见式(6-4) 和式(6-5)[28]。

$$Hg^0 + [Cl]^- \longrightarrow [HgCl]^+ + 2e \qquad (6\text{-}4)$$

$$Hg^0 + 2[Cl]^- \longrightarrow [HgCl_2]^+ + 2e \qquad (6\text{-}5)$$

3 个飞灰的汞吸附量见表 6-3。

表 6-3　不同条件下飞灰中汞的吸附量

飞灰	气氛	入口浓度/(ng/min)	吸附温度/℃	吸附量/(ng/g)
YW	N_2	40	35	397.38
QX	N_2	40	35	120.65
YH	N_2	40	35	104.94
YW	N_2	109.76	35	523.43
YW	N_2	153.644	35	584.15
YW	N_2	40	65	356.00
YW	N_2	40	95	288.00
YW	O_2	40	35	345.09
YW	CO_2	40	35	331.49

由表 6-3 可以看出，3 个飞灰对 Hg^0 的吸附量从大到小的顺序为 YW(397.38ng/g)＞QX(120.65ng/g)＞YH(104.94ng/g)。3 个飞灰的吸附条件相同，对汞的吸附量影响的主要因素为飞灰的性质，如未燃尽炭、比表面积和金属氧化物等。

前人研究表明，未燃尽炭对 Hg^0 的吸附氧化起主要作用，不同飞灰中未燃尽炭对 Hg^0 的吸附氧化能力不同[9,26,27]。3 个电厂飞灰中的未燃尽炭含量从大到小的顺序为 YW(25.66%)＞QX(14.7%)＞YH(10.5%)，飞灰对 Hg^0 的吸附能力与飞灰的未燃尽炭含量成正比，这与其他学者的研究结果一致[26]。未燃尽炭对飞灰吸附/氧化性能影响很大，因为一方面较大含量的未燃尽炭意味着较丰富的孔隙结构和较大的比表面积，增强了飞灰对汞的物理吸附；另一方面，较大含量的未燃尽炭意味着其表面有较多的含氧和含氯等官能团，这些官能团将催化氧化烟气中的元素汞，从而促进了飞灰对汞的化学吸附[29]。

飞灰的比表面积是表征吸附剂吸附特性的另一个重要物理量，是决定飞灰吸附特性的重要参数。飞灰比表面积越大，飞灰对烟气中单质汞的吸附效率越高[30]。3个电厂飞灰的比表面积从大到小的顺序为 YW(26.2705m^2/g)＞QX(8.6276m^2/g)飞灰＞YH 飞灰(8.4777m^2/g)，表明3个电厂飞灰对 Hg^0 的吸附能力与飞灰的比表面积成正比，这与其他学者的一些研究结果相一致[29,30]。

飞灰中金属氧化物对 Hg^0 的吸附和氧化作用在不同的实验条件下差异较大。有学者认为铁氧化物对 Hg^0 的氧化有促进作用，Al_2O_3、SiO_2、CaO、MgO、TiO_2 等对 Hg^0 的氧化影响不大[31]。张锦红[10] 研究表明在模拟烟气下 SiO_2、TiO_2、CaO 和 MgO 对 Hg^0 没有吸附作用。Wang 等[9] 研究发现在 N_2 气氛下 Al_2O_3、Fe_2O_3 和 TiO_2 对 Hg^0 有一定的吸附作用，CaO 和 MgO 没有吸附作用。因此对 Al_2O_3、Fe_2O_3 和 TiO_2 的含量进行排序，3个飞灰中 Fe_2O_3 含量从大到小的顺序为 QX(5.09)＞YH(3.46)＞YW(3.14)，Al_2O_3 含量从大到小的顺序为 YH 飞灰(39.15)＞YW(33.35)＞QX(17.24)，TiO_2 从大到小的顺序为 YW 飞灰(1.23)＞YH 飞灰(1.13)＞QX 飞灰(0.59)。可见 Al_2O_3、Fe_2O_3 和 TiO_2 的含量与飞灰对汞的吸附量不相关。表明相对于未燃尽炭和比表面积，飞灰中金属氧化物对 Hg^0 的吸附氧化能力较弱[10]。

总的来说，N_2 气氛下，飞灰对 Hg^0 存在吸附/氧化作用，主要作用是 Hg^0 转化为 $HgCl_2$ 的非均相氧化反应。飞灰中未燃尽炭含量和比表面积对 Hg^0 的吸附/氧化起主要作用，飞灰中金属氧化物对 Hg^0 的吸附/氧化作用能力较弱。

6.5 低热值煤飞灰脱汞性能的影响因素

由上节可见，YW 电厂低热值煤飞灰对汞的吸附能力最强，因此本节以 YW 电厂低热值煤飞灰为研究对象，考查汞入口浓度、吸附温度和吸附气氛对飞灰脱汞性能的影响。

6.5.1 汞入口浓度的影响

试验条件：在 N_2 气氛下，吸附温度为 35℃，YW 电厂低热值煤飞灰用量为 1g。试验过程中通过改变汞渗透管的水浴加热温度来改变汞入口浓度，水浴温度分别为 35℃、50℃ 和 55℃ 时，汞入口浓度分别为 40ng/min、109.76ng/min 和 153.644ng/min，穿透率曲线见图 6-8。汞的吸附量见表 6-3。

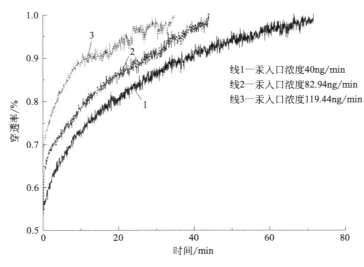

线1—汞入口浓度40ng/min
线2—汞入口浓度82.94ng/min
线3—汞入口浓度119.44ng/min

图 6-8 不同汞入口浓度对穿透率的影响

从图 6-8 可见，汞入口浓度对吸附过程有很大的影响。在 0～70min 的过程中，汞入口浓度从 40ng/min 提高到 153.644ng/min 时，汞穿透率大幅提高，达到吸附饱和的时间减少。这表明，高浓度的汞加速了飞灰对汞的吸附速率，进而缩短了其吸附饱和的时间。这是由于实验初始阶段在飞灰表面吸附活性位和催化活性位作用下，汞很容易被吸附或者催化氧化，表现出较快的吸附速率；随着时间的推移，表面活性点位堆积大量的汞及其化合物，吸附速率急剧下降。

　　由表 6-3 可以看出，汞入口浓度从 40ng/min 提高到 153.644ng/min 时，汞的吸附量由 397.38ng/g 增加到 584.15ng/g。当入口汞浓度增加时，吸附汞原子从气相主体扩散至颗粒内孔中活性点位的能力得到提高，即增加了克服气固两相之间传质阻力的推动力，汞原子气体和飞灰表面碰撞的概率变大，进而提升了初始吸附速率和平衡吸附量[12,13]。汞浓度增大到一定程度能增加吸附过程中的推动力，从而使吸附效率提高，具有一定的正效应。顾永正等[12]和孟素丽等[13]在小型固定床试验台上对飞灰吸附汞的影响因素进行了研究，发现汞入口浓度越高，飞灰对汞的吸附量越大。

6.5.2　吸附温度的影响

　　试验条件：在 N_2 气氛下，汞入口浓度分别为 40ng/min，试验 YW 电厂低热值煤飞灰用量为 1g，考察吸附反应温度为 35℃、65℃和 95℃时汞的吸附性能，试验结果见图 6-9。汞的吸附量见表 6-3。

　　由图 6-9 可知，反应开始时，3 个温度下的汞穿透率差别不大，随着吸附反应的进行，35℃和 65℃下的汞穿透率差异较小，95℃下的汞穿透率明显高于 35℃和 65℃。因为低温有利于物理吸附，温度升高反而对物理吸附有抑制作用，导致吸附剂对汞的吸附效率降低。任建莉[14]在小型固定床试验台上进行了飞灰和活性炭吸附单质汞的试验研究，结果表明飞灰吸附和活性炭吸附在很多方面都很相似，且低温有利于物理吸附，温度升高反而对物理吸附有抑制作用，导致吸

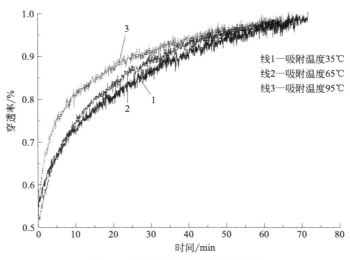

图6-9　吸附温度对汞穿透率的影响

附剂汞吸附效率降低[14]。实验进行 40min 后随着反应时间增加，汞的穿透率差异逐渐减小，说明物理吸附逐渐饱和，化学吸附起主要控制过程，由于最大吸附温度为 95℃，温度较低，对化学吸附影响较小，汞的穿透率差异不大。本组实验结果说明飞灰对汞的吸附可能由物理吸附和化学吸附共同作用[17]。

由表 6-3 可以看出，当温度从 35℃提高到 95℃时，汞的吸附量从 397.38ng/g 降低到 288.00ng/g。本试验仅研究了低温时温度对汞吸附性能的影响。温度是影响化学吸附和物理吸附最关键的参数，它可以改变吸附力的性质。低温时，化学吸附的速率很低，具有足够能量的分子数目较少，所以飞灰对汞的吸附主要是物理吸附。对于物理吸附而言，随着吸附环境温度的升高，气相中的吸附质分子或原子运动更加剧烈，有更多的吸附质分子或原子从吸附剂表面脱离进入气相中，这会导致吸附量的急剧减少[12,13]。

6.5.3　吸附气氛的影响

由于飞灰、汞与烟气的气固多相反应较为复杂，因此本节主要在单一气体中进行实验，实验中气体总流量为 1L/min，其中汞渗透管的载气流量为 350mL/min，平衡气体为 N_2、O_2 或 CO_2，汞源水浴加热温度设定为 35℃。试验结果见图 6-10。汞的吸附量见表 6-3。

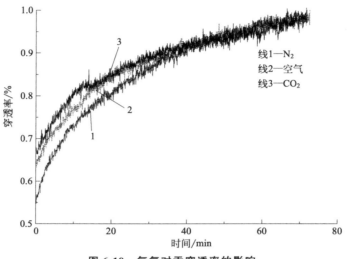

图 6-10　气氛对汞穿透率的影响

由图 6-10 可见，CO_2 气氛下汞的吸附量最小，为 331.49ng/g，N_2 气氛下汞的吸附量最大，为 397.38ng/g，3 种气氛对汞吸附影响较小；这与前人的研究结论相似[23]。O_2 可以氧化 Hg^0，但对 Hg^0 的氧化能力有限，Xu 等[32] 将 O_2 视为一种潜在的烟气 Hg^0 氧化剂进行了研究，并利用过渡态理论，补充了 6 个 Hg/O_2 系统反应机理，其动力学研究也显示 O_2 对 Hg^0 的氧化程度有限。这是因为飞灰颗粒上的氧化反应所携带的氯来源于飞灰颗粒自身的氯化物，因此烟气含氧量增加对 HgO 生成没有太大影响，飞灰颗粒自身的氯含量是影响飞灰颗粒中氧化反应形成的重要因素[9]。

在小型固定床试验台上，测试了不同条件下低热值煤飞灰的汞穿透率和吸附量等吸附特性参数；通过 TPD-AFS 技术分析飞灰吸附 Hg^0 前后汞的赋存形态变化，直观地揭示了飞灰对汞的吸附/氧化机理。并讨论和分析飞灰物理化学特性、进口浓度、温度和气氛对 Hg^0 吸附性能的影响，结论如下：

① 3 个低热值电厂飞灰的比表面积和未燃尽炭含量远大于燃煤电厂飞灰的平均值。

② YW 飞灰和 QX 飞灰中汞化合物的主要形态为 HgS，其次为 $HgCl_2$，YH 飞灰中汞化合物的主要形态为 $HgCl_2$。

③ 飞灰吸附 Hg^0 前后的汞赋存形态变化表明，N_2 气氛下飞灰对 Hg^0 存在吸附/氧化作用，主要吸附/氧化机理是 Hg^0 转化为 $HgCl_2$ 的非均相氧化反应。飞灰中未燃尽炭含量和比表面积对 Hg^0 的吸附/氧化起主要作用，飞灰中金属氧化物对 Hg^0 的吸附/氧化作用能力较弱。

④ 随着入口汞浓度增加，汞的穿透率提高，吸附量增大。随着吸附温度增加，汞的穿透率提高，吸附量减少。3 种基本气氛 N_2、O_2 或 CO_2 对汞吸附影响较小。

参 考 文 献

[1] Guo X，Chuguang Zheng，Xu M. Characterization of Mercury Emissions from a Coal-Fired Power Plant [J]. Energy & Fuels，2007，21 (2)：892-896.

[2] Goodarzi F，Reyes J，Abrahams K. Comparison of calculated mercury emissions from three Alberta power plants over a 33 week period-Influence of geological environment [J]. Fuel，2008，87 (6)：915-924.

[3] Hower J C，Maroto V，Darrell N T，et al. Mercury Capture by Distinct Fly Ash Carbon Forms [J]. Energy & Fuels，2000，14 (1)：224-226.

[4] Dunham G E，Dewall R A，Senior C L. Fixed-bed studies of the interactions between mercury and coal combustion fly ash [J]. Fuel Processing Technology，2003，82 (2)：197-213.

[5] 赵永椿，张军营，刘晶. 燃煤飞灰吸附脱汞能力的实验研究 [J]. 中国科学：技术科学，2010，40 (4)：385-391.

[6] López-Antón M A，Abad-Valle P，Díaz-Somoano M，et al. The influence of carbon particle type in fly ashes on mercury adsorption [J]. Fuel，2009，88 (7)：1194-1200.

[7] Hower J C，Senior C L，Suuberg E M，et al. Mercury capture by native fly ash carbons in coal-fired power plants [J]. Progress in Energy & Combustion Science，2010，36 (4)：510-529.

[8] Yamaguchi A，Akiho H，Ito S. Mercury oxidation by copper oxides in combustion flue

gases [J]. Powder Technology，2008，180 (1-2)：222-226.

[9] Wang F，Wang S，Meng Y，et al. Mechanisms and roles of fly ash compositions on the adsorption and oxidation of mercury in flue gas from coal combustion [J]. Fuel，2016，163：232-239.

[10] 张锦红.燃煤飞灰特性及其对烟气汞脱除作用的实验研究 [D].上海：上海电力学院，2013.

[11] 陈明明，段钰锋，李佳辰，等.溴素改性 ESP 飞灰脱汞机理的实验研究 [J].中国电机工程学报，2017，37 (11)：3207-3215.

[12] 顾永正，张永生，张振森，等.燃煤飞灰汞吸附动力学及其模型研究 [J].热力发电，2015，44 (12)：11-18.

[13] 孟素丽，段钰锋，黄治军，等.燃煤飞灰吸附气态汞影响因素的试验研究 [J].动力工程学报，2009，29 (5)：487-491.

[14] 任建莉.燃煤过程汞析出及模拟烟气中汞吸附脱除试验和机理研究 [D].杭州：浙江大学，2003.

[15] 王福元，吴正严.粉煤灰利用手册（第二版）[M].北京：中国电力出版社，2014：64-65.

[16] 高正阳，方立军，周健，等.混煤燃烧特性的热重试验研究 [J].动力工程，2002，22 (3)：1764-1767.

[17] Yang J，Ma S，Zhao Y，et al. Mercury emission and speciation in fly ash from a 35 MW th large pilot boiler of oxyfuel combustion with different flue gas recycle [J]. Fuel，2017，195：174-181.

[18] Lopez-Anton M A，Perry R，Abad-Valle P，et al. Speciation of mercury in fly ashes by temperature programmed decomposition [J]. Fuel Processing Technology，2011，92 (3)：707-711.

[19] Li C，Duan Y，Tang H，et al. Study on the Hg emission and migration characteristics in coal-fired power plant of China with an ammonia desulfurization process [J]. Fuel，2018，211：621-628.

[20] Feng X，Lu J Y，Gregoire D C，et al. Analysis of inorganic mercury species associated with airborne particulate matter/aerosols：method development [J]. Analytical and bioanalytical chemistry，2004，380 (4)：683-689.

[21] Rumayor M，Diazsomoano M，Lopezanton M A，et al. Application of thermal desorption for the identification of mercury species in solids derived from coal utilization. [J]. Chemosphere，2015，119：459-465.

[22] Lopez-Anton M A，Yuan Y，Perry R，et al. Analysis of mercury species present during coal combustion by thermal desorption [J]. Fuel，2010，89 (3)：629-634.

[23] 殷立宝，高正阳，徐齐胜，等.燃煤电站锅炉颗粒 Hg 形态及其释放动力学参数 [J].燃料化学学报，2013，41（12）：1451-1458.

[24] Granite E J, And H W P, Hargis R A. Novel Sorbents for Mercury Removal from Flue Gas [J]. Industrial & Engineering Chemistry Research, 1998, 39（4）：1020-1029.

[25] Presto A A, Granite E J. Survey of catalysts for oxidation of mercury in flue gas [J]. Environmental Science & Technology, 2006, 40（18）：5601-5609.

[26] Abad-Valle P, Lopez-Anton M A, Diaz-Somoano M, et al. The role of unburned carbon concentrates from fly ashes in the oxidation and retention of mercury [J]. Chemical Engineering Journal, 2011, 174（1）：86-92.

[27] 郑楚光，张军营，赵永椿，等.煤燃烧汞的排放及控制 [M].北京：科学出版社，2010：346-381.

[28] Zeng H, Feng J, Guo J. Removal of elemental mercury from coal combustion flue gas by chloride-impregnated activated carbon [J]. Fuel, 2004, 83（1）：143-146.

[29] 樊保国，贾里，李晓栋，等.电站燃煤锅炉飞灰特性对其吸附汞能力的影响 [J].动力工程学报，2016，36（8）：621-628.

[30] 吴成军，段钰锋，赵长遂.污泥与煤混烧中飞灰对汞的吸附特性 [J].中国电机工程学报，2008，28（14）：55-60.

[31] Ghorishi S B, Lee C W, Jozewicz W S, et al. Effects of Fly Ash Transition Metal Content and Flue Gas HCl/SO_2 Ratio on Mercury Speciation in Waste Combustion [J]. Environmental Engineering Science, 2005, 22（2）：221-231.

[32] Xu M, Qiao Y, Zheng C, et al. Modeling of homogeneous mercury speciation using detailed chemical kinetics [J]. Combustion & Flame, 2003, 132（1-2）：208-218.

第**7**章

典型案例分析

▶ 低热值煤电厂汞排放估算
▶ 山西省低热值煤电厂汞排放估算

燃煤汞排放是主要的人为大气汞污染源。中国燃煤电厂使用的煤质种类繁多，燃烧方式各异，如何全面、客观及准确地估算燃煤电厂Hg 排放量一直是研究热点[1]。正确的汞排放量估算能够为决策者发展和制定排放控制策略，确定控制项目的可行性，研究各种因素对控制汞对整个生态环境污染的影响提供有力的依据。近几年，关于燃煤汞排放清单和排放估算的课题得到重视。诸多国家与国际组织的科研项目都集中在评估燃煤汞对环境的污染状况，以及探求减少燃煤汞污染排放的策略[2]。2015 年山西省运行的低热值煤电厂 23 个，总装机量 7315MW，约占全国低热值燃煤电厂的 1/4，占山西省全部燃煤电厂装机量 63700MW 的 11.48%[3]。因此，本章采用汞排放修正因子模型估算了山西省低热值煤电厂的汞年排放量，以期为山西省低热值煤电厂的汞污染物治理提供科学的理论依据，同时为我国低热值煤电厂汞排放清单的建立提供基础数据。

7.1 低热值煤电厂汞排放估算

影响燃煤电站汞排放的主要因素归纳起来有煤中汞含量、电站锅炉炉型、锅炉运行条件，以及所采用的烟气清洁装置包括颗粒脱除装置和脱硫装置的类型，这 4 个因素对最终燃煤电站汞的排放均有一定程度的影响。如表 7-1 所列，简单描述了洗选煤过程、烟气清洁装置以及活性炭吸附装置对燃煤电站烟气中汞（氧化态汞和单质汞）排放的影响[4]。

表 7-1　燃煤电站系统对汞排放的影响

洗煤和电站锅炉污染物控制装置	汞排放影响	
	氧化态汞(Hg^{2+})	单质汞(Hg^0)
传统洗煤过程	减少排放	减少排放
低 NO_x 燃烧技术	少量减少排放	少量减少排放
静电除尘器	少量减少排放	少量减少排放
袋式除尘器	少量减少排放	减少排放

洗煤和电站锅炉污染物控制装置	汞排放影响	
	氧化态汞（Hg²⁺）	单质汞（Hg⁰）
WFGD 湿法脱硫装置	减少排放	几乎没有影响
喷雾干燥脱硫/袋式除尘	少量减少排放	有限减少排放
活性炭吸附装置	减少排放	较大程度减少排放

排放修正因子模型是估算电厂烟气中汞排放的普遍方法，最常用的修正因子模型见式(7-1)[1,4,5]。

$$M_g = \frac{C_c}{10^6} \times M_{\text{coal}} C_{\text{cf}} \times \prod EMF_i \tag{7-1}$$

式中　M_g——大气中汞的年排放量，t/a；

　　　C_c——燃煤中的汞含量，ng/g；

　　M_{coal}——燃煤消耗量，t/a；

　　　C_{cf}——洗煤过程中汞排放修正因子；

EMF_i——各燃烧方式以及烟气污染物控制装置的汞排放修正因子。

电厂烟气中汞排放的估算思路为：先确定燃煤的消耗量及煤中汞含量，然后乘以排放修正因子（emission modification factors，EMF）。EMF 表示燃煤电厂的汞排放到大气中的排放率，即电厂燃煤中的汞经过煤炭洗选、锅炉燃烧方式和烟气清洁系统（如 ESP、FF、WFGD）脱除后，脱除后烟气中的总汞含量与脱除前烟气总汞含量的百分比。例如，烟气经过 ESP 后可以减少汞排放 30％，ESP 的排放修正因子为 (100－30)％=0.7。

7.2　山西省低热值煤电厂汞排放估算

用类似方法可以计算全国或某一地区的燃煤电厂每年排放到大气的总汞量[4]。下文以山西省全域低热值煤电厂全年为例进行分析计算，具体的低热值煤电厂的汞分布、排放因子以及典型污染控制装置的汞脱除效率参见第 4 章。

7.2.1 山西省低热值煤电厂燃料消耗量

山西省作为传统煤炭大省，在煤炭长期开采和洗选过程中已累计堆积了近 1.7×10^8 t 煤矸石、煤泥和洗中煤等低热值煤资源。为了节约土地，减轻低热值煤废弃的环境危害和提高低热值煤的资源利用效率，国家和山西省在"十二五"期间出台了一系列政策鼓励低热值发电项目建设。据报道，山西低热值煤发电厂年消耗低热值煤为 3.0×10^7 t 左右[6]。因此，本书山西省低热值煤电厂每年的燃料消耗量按照 3.0×10^7 t 估算。

7.2.2 山西省低热值煤电厂燃料中汞含量

低热值煤电厂燃料是煤矸石掺烧煤泥和洗中煤等。不同地区、不同煤种的低热值煤含汞量不同。对于同一地区，不同样品中汞含量的差异也较大。Zhou 等[7] 得出山西省煤矸石中的汞含量均值为 320ng/g。根据 Wang 等[8] 的研究，山西省太原市的煤矸石汞含量为 260ng/g；根据 Querol 等[9] 的研究，山西省阳泉煤矸石汞含量为 400ng/g。张博文研究表明井陉矿区煤矸石、山西省阳泉煤矸石和邯郸峰峰矿区煤矸石 719ng/g、760ng/g 和 247ng/g[10]。Zhai 等[11] 的研究表明山西省太原、平鲁煤矸石中汞含量在 1272～2016ng/g 之间。根据冯文会[12] 的研究，山西省阳泉原煤经过不同洗选工艺后煤泥汞含量为 195.53ng/g 和 307.55ng/g。Wang 等[13] 研究了山西安太堡洗煤厂汞的分布，原煤的汞含量为 194ng/g，洗中煤的汞含量 230ng/g，煤泥的汞含量 694ng/g。Zhang 等[14] 研究了山西平鲁煤矸石电厂的汞的迁移，燃料由煤矸石和煤泥组成，其中的汞含量为 174ng/g。

为准确估算低热值煤电厂排放到大气中的汞量，估算的煤中汞含量必须接近实际低热值煤电厂燃料的汞含量。由于山西省每个低热值煤电厂所用的煤矸石、煤泥或洗中煤来自不同煤产区，其中汞含量差别较大，并且每个电厂煤矸石、煤泥、洗中煤的配比也不同。如果采用山西省或某一地区的低热值煤中的平均汞含量，其计算结果可能与实际低热值煤电厂燃料的汞含量出入较大。为此，本书以选取的山西省典型的 6 个低热值电厂和 Zhang 等[14] 研究的山西省平鲁煤矸石电厂的燃料为基础，计算 7 个低热值电厂燃料中汞的算术平均值作为山西省低热值煤电厂燃料中汞含量。本书计算的山西省低热值煤电厂燃料中的汞含量均值为 399.84ng/g，略高于 Zhou 等[7] 得出山西省煤矸石中的汞含量均值（320ng/g）。

7.2.3　选煤过程的汞排放修正因子

在常规的燃煤电厂煤中汞含量的估算过程中，煤中汞含量一般依据某一地区原煤中平均汞含量估算，而部分燃煤锅炉所用的燃料是这一地区的原煤经过洗选后的产品，原煤洗选过程中可以脱除部分汞。冯新斌等[15] 研究表明在选煤过程中至少可以脱除 51％的汞。Luttrell 等[16] 等研究表明：重介选煤过程中平均 44.23％的汞被脱除，泡沫浮选过程中平均 58.64％的汞被脱除。因此需考虑洗原煤中的汞在洗选过程中的脱除因素，计算选煤过程的汞排放修正因子。由上节可知，本书低热值煤电厂燃料中汞含量由实际低热值煤电厂锅炉所用燃料直接推导，因此不考虑选煤过程对低热值煤电厂燃料汞含量的影响，选煤过程的影响因子取 1。

7.2.4　不同燃烧方式下的汞排放修正因子

电厂所用燃煤锅炉的常见类型为循环流化床和煤粉炉。煤粉炉燃烧器依据出口气流的特性可以分为旋流燃烧器和直流燃烧器。直流燃烧器有 3 种主要的布置方式，即前墙布置、四角切圆布置及前后对冲布置。

美国 EPA 针对燃煤电厂不同的燃烧方式对汞排放的影响进行了研究，如表 7-2 所列。

表 7-2 燃烧器的汞修正因子[17]

燃烧器形式	汞析出的修正因子 EMF_s
前墙布置燃烧器	0.94
四角切圆布置燃烧器	1.000
前后对冲布置燃烧器	0.918
旋流燃烧器	0.856
循环流化床	1.000

由于循环流化床具有燃料适应性广，燃烧效率高，高效脱硫和氮氧化物（NO_x）排放低等优点，本书中的低热值煤电厂锅炉都采用循环流化床。由表 7-2 选取燃烧器形式对煤中汞析出的修正因子为 1。

7.2.5 烟气清洁系统的汞排放修正因子

燃煤电厂烟气污染物控制装置主要包括烟气除尘设备、烟气脱硫设备以及烟气脱硝装置。国内外研究资料表明燃煤电厂现有污染物控制装置可以有效减少燃煤烟气中汞的排放[18]。现有燃煤电厂污染物控制装置在脱除飞灰、SO_2、NO_x 等污染物的同时可协同脱除烟气中汞，不仅提高了现有污染物控制装置的利用率，降低了汞控制成本，也为越来越严格的汞排放要求提供了技术性保障。

随着环保要求的不断提高，山西省低热值煤电厂都安装了烟气除尘装置和脱硫装置，其中烟气除尘装置包括静电除尘器、布袋除尘器、湿式除尘器和电袋复合式除尘器等。由于飞灰对汞的吸附作用，ESP 与 FF 在烟气除尘的同时也有协同除汞的作用。研究表明大多数燃煤锅炉 ESP 的汞脱除效率为 6%～52%[19]，FF 的汞脱除效率为

42%[20]。根据美国 EPA 的研究，静电除尘器（ESP），其 EMF_c 值取 0.76；袋式除尘器装置，其 EMF_c 值取 0.715；脱硫装置中，WFGD 的除汞效率在 0～61.7% 范围之内，平均效率为 30.85%，EMF_c 值取 0.691[17]。

烟气脱氮方法主要包括选择性非催化还原法（SNCR）和选择性催化还原法（SCR），国内外学者对燃煤电厂烟气中汞形态的测试表明，SCR 可将部分 Hg^0 转化为 Hg^{2+}。Hg^{2+} 比例的增加有利于脱硫装置对汞的控制脱除[21]。由于电厂脱氮要求出台较晚，山西省低热值煤电厂大部分没有烟气脱硝方法，因此本书不考虑烟气脱硝方法对汞排放的影响。

一般而言，烟气除尘装置对煤和低热值煤产生的飞灰的移除效率相近，但由于低热值煤电厂飞灰汞的富集程度较大，所有汞的移除效率较高。低热值煤电厂脱硫装置 WFGD 的除汞效率与燃煤电厂也相差较大。在缺少统计数据下，不能简单借鉴燃煤电厂的 EMF_c 值。结合前文所述，低热值煤电厂 ESP 的 Hg 脱除效率分别为 56.64%（DY 电厂）和 67.34%（TD 电厂）。FF 设备的 Hg 脱除效率为 59.02%～89.42%。WFGD 的汞脱除效率分别是 1.43%、0.65% 和 40.33%。Zhang 等[14] 的研究表明山西省平鲁煤矸石电厂中汞排放到大气中为 0，汞全部富集在飞灰中。综合考虑，本书烟气清洁装置对汞排放因子 EMF_c 取值 0.4。

综上所述，山西省低热值煤电厂 2015 年汞排放估算如下。

① 每年的总汞排放量：

$$M_{Hg} = \frac{C_c}{10^6} \times M_{coal} = \frac{0.39984}{10^6} \times 3000 \times 10^4 = 11.9952 \text{t/a}$$

② 排放到大气中的汞：

$$M_g = \frac{C_c}{10^6} \times M_{coal} \times C_{cf} \times \prod EMF_i = \frac{0.39984}{10^6} \times 3000 \times 10^4 \times 1 \times 1 \times 0.4$$

$$= 4.7981 \text{t/a}$$

③ 排放到固体废弃物中汞：

$$M_s = 11.9952 - 4.7981 = 7.1971 \text{t/a}$$

根据山西省低热值煤电厂汞排放量的估算模型，可估算出2015年山西省低热值煤电厂向大气中排放的汞为4.7981t，排入固体废弃物中的汞为7.1971t，其中主要为飞灰，少量存在底灰和脱硫石膏中。我国低热值煤发电总装机容量达到30000MW，山西省低热值煤电厂总装机量为7315MW（约占中国低热值燃煤电厂的1/4）。通过本书预测可知，全国低热值煤电厂排放到环境中的汞量不可忽视，应加强低热值煤电厂汞排放控制方面的工作。SCR脱硝装置结合湿法脱硫装置，可减少烟气中汞的排放。由于本书没有考虑烟气脱硝方法对汞排放的影响，而随着国家日益严格的减排要求，近年来SCR脱硝装置的投运率逐渐增长，可以预测，低热值燃煤电厂烟气中Hg的排放量将会逐步减少，而固体废弃物中排放的Hg量会有所提高。

本章从煤中汞含量分布、锅炉燃煤过程以及燃烧之后的各个过程来预测汞排放量，针对影响燃煤电站汞排放量的几个因素逐个进行分析，并且利用部分本书测试结果以及文献资料中的统计数据归纳得到汞排放修正因子，同时利用其结果来计算中国燃煤电站年汞排放量[4]。仅对山西省低热值煤电厂汞排放量进行了较为粗糙和初步的估算，在后续性工作中会加强现场测试，以及获取大量有关我国燃煤电站的有关统计数据，对我国燃煤电站的年汞排放量做更为详细和确切的估算。

参 考 文 献

[1] 赵毅，薛方明，王涵，等."十二五"期间中国燃煤电厂汞排放量估算 [J].中国电力，2014，47（2）：135-139.

[2] 张乐.燃煤过程汞排放测试及汞排放量估算研究 [D].杭州：浙江大学，2007.

[3] 山西省"十三五"综合能源发展规划 [R].太原：山西省人民政府，2016.

[4] 任建莉.燃煤过程汞析出及模拟烟气中汞吸附脱除试验和机理研究 [D].杭州：浙江大学，2003.

[5] 胡长兴，周劲松，何胜，等.全国燃煤电站汞排放量估算 [J].热力发电，2010，39（2）：1-4.

[6] 发展低热值煤发电对谁更有利 [N/OL].山西经济日报，2015-11-03. http：//www.

sxrb. com/sxjjrb/sanban/5718148. shtml

[7] Zhou C，Liu G，Fang T，et al. Atmospheric emissions of toxic elements（As，Cd，Hg，and Pb）from brick making plants in China [J]. RSC Advances，2015，5（19）：14497-14505.

[8] Wang S，Luo K，Wang X，et al. Estimate of sulfur，arsenic，mercury，fluorine emissions due to spontaneous combustion of coal gangue：An important part of Chinese emission inventories [J]. Environmental Pollution，2016，209：107-113.

[9] Querol X，Izquierdo M，Monfort E，et al. Environmental characterization of burnt coal gangue banks at Yangquan，Shanxi Province，China [J]. International Journal of Coal Geology，2008，75（2）：93-104.

[10] 张博文. 煤矸石汞排放特性的研究 [D]. 北京：华北电力大学，2013.

[11] Zhai J，Guo S，Wei XX，et al. Characterization of the Modes of Occurrence of Mercury and Their Thermal Stability in Coal Gangues [J]. Energy & Fuels，2015，29（12）：8239-8245.

[12] 冯文会. 煤泥燃烧过程中汞排放特性的研究 [D]. 北京：华北电力大学，2012.

[13] Wang W，Qin Y，Song D，et al. Element geochemistry and cleaning potential of the No. 11 coal seam from Antaibao mining district [J]. Science in China Series D：Earth Sciences，2005，48（12）：2142-2154.

[14] Zhang Y，Nakano J，Liu L，et al. Trace element partitioning behavior of coal gangue-fired CFB plant：experimental and equilibrium calculation. [J]. Environmental Science & Pollution Research，2015，22（20）：15469-15478.

[15] 冯新斌，洪业汤，洪冰，等. 煤中汞的赋存状态研究 [J]. 矿物岩石地球化学通报，2001，20（2）：71-78.

[16] Luttrell G H，Kohmuench J N，Yoon R-H. An evaluation of coal preparation technologies for controlling trace element emissions [J]. Fuel Processing Technology，2000，65-66：407-422.

[17] Keating M H，Mahaffey，K R，Schoeny R，et al. Mercury study report to Congress. Volume 1. Executive summary；United States Environmental Protection Agency：Washington，1997.

[18] Goodarzi F，Reyes J，Abrahams K. Comparison of calculated mercury emissions from three Alberta power plants over a 33 week period-Influence of geological environment [J]. Fuel，2008，87（6）：915-924.

[19] Wang S X，Zhang L，Li G H，et al. Mercury emission and speciation of coal-fired power plants in China [J]. Atmospheric Chemistry & Physics，2010，10（3）：24051-24083.

［20］ Pirrone N，Cinnirella S，Feng X，et al. Global mercury emissions to the atmosphere from anthropogenic and natural sources ［J］. Atmospheric Chemistry and Physics，2010，10 (13)：5951-5964.

［21］ 王晓刚，张益坤，丁峰，等.SCR 催化剂对汞的催化氧化研究进展 ［J］.环境科学与技术，2014，37 (4)：68-73.

第**8**章

结论与展望

8.1 结论

本书以洗煤厂、低热值煤电厂中的低热值煤及飞灰等为研究对象，通过实验室模拟和低热值煤电厂现场样品采集相结合的方法，利用程序升温热解-元素汞检测系统（TPD-AFS）、酸浸技术、热重分析、电感耦合等离子体原子发射光谱和质谱等技术手段分析和测定样品的化学组成、矿物组成、汞的含量和赋存形态，对低热值煤中汞的赋存形态与热稳定性，低热值煤电厂汞的迁移排放特征及电厂飞灰中汞的富集机理，低热值煤燃烧过程中汞的释放等科学问题进行了研究。

本书主要研究结果如下。

① 在洗煤过程中，汞在精煤和洗中煤中被不同程度地脱除，在煤矸石和煤泥中富集，汞与样品中的成灰矿物质密切相关。本书所研究的低热值煤样品中均含有一定量的盐酸可溶态汞、有机结合态汞、黄铁矿结合态汞和硅酸盐结合态汞，其中黄铁矿结合态汞含量最高，有机结合态汞含量次之，硅酸盐结合态汞含量最小。煤矸石和煤泥中各种形态汞的含量均高于原煤，洗中煤中除硅酸盐结合态汞外，其余形态汞的含量均低于原煤。盐酸可溶态汞和黄铁矿结合态汞在样品中的含量顺序为煤矸石＞煤泥＞原煤＞洗中煤＞精煤。盐酸可溶态汞和黄铁矿结合态汞主要结合或存在于大颗粒状矿物质或矿物碎片中，可在洗煤过程中有效脱除。硅酸盐结合态汞的含量最少，在样品中的含量顺序为洗中煤＞煤矸石＞煤泥＞原煤＞精煤。有机结合态汞的含量与样品的有机质含量有显著的正相关性。盐酸可溶态汞在 $150 \sim 300℃$ 的温度范围内释放，峰值在温度为 $240℃$ 左右；黄铁矿结合态汞在 $350 \sim 950℃$ 温度区间下释放，峰值在 $400℃$ 和 $580℃$ 左右。盐酸可溶态汞以及黄铁矿结合态汞的热稳定性相似，与样品的密度或粒度无关。硅酸盐结合态汞的释放温度范围为 $950 \sim 1150℃$，由于其热稳

定性较强，在原样品中不能完全释放。不同样品中的有机结合态汞构成不同，其热稳定性不同。通过＜450℃的低温快速热解能脱除低热值煤中的盐酸可溶态汞、大部分有机结合态汞和少量黄铁矿结合态汞，比例大约占总汞的40％。

② 煤泥在程序热解过程中，空气气氛更有利于汞在低温条件下的释放，而氧化环境对汞的释放更有利。加热速率对煤泥中汞的释放特定温度区间没有明显的影响。较高的升温速率对煤泥中汞的释放起到促进作用。同时，煤泥在热处理过程汞的瞬时释放强度同时受升温速率和温度影响。特定的停留时间可以促进煤泥中汞的释放。在不同热解终温条件下其最佳停留时间各不相同：在热解温度为200℃时，停留时间在50min之内对煤泥中汞的释放有促进作用；在热解温度为400℃时，停留时间在25min之内对煤泥中汞的释放有促进作用；在热解温度为600℃时，停留时间在10min之内对煤泥中汞的释放有促进作用。煤泥在燃烧过程中，汞的释放量与煤泥中的汞含量正相关，释放比例与煤泥中汞的赋存形态有一定关系。同一种煤泥，相同气氛下，800℃、900℃和1000℃温度下汞的释放比例没有变化；相同温度下，汞的释放比例为氮气＞空气＞氧气。3种煤泥在相同燃烧条件下，汞的释放特征相似，释放量和释放比例差异较大。

③ 低热值煤中的汞浓度范围为269.25～749.00ng/g，普遍高于山西省常规燃煤电厂煤中的汞平均浓度（160ng/g）。低热值煤电厂底灰中的汞浓度较低，为 4.67～21.88ng/g，RE 为 0.52％～4.17％，排放到底灰中 Hg 的比例小于 2％。低热值煤中的汞几乎完全释放到气相中，大部富集于飞灰，排放到飞灰中汞的比例范围为58.83％～88.00％。ESP 和 FF 飞灰中汞含量较高，汞含量分别为749.67～1447.00ng/g 和 527.50～1893.13ng/g。DY 和 TD 电厂ESP 飞灰中汞的富集因子 RE 分别为 0.99 和 1.37，6 个低热值电厂FF 飞灰中汞的富集因子 RE 为 0.76～1.74。低热值煤的高灰分、炉内喷钙和循环流化床燃烧是低热值煤电厂飞灰中汞富集因子较高的主要原因。6 个低热值煤发电厂排放到大气中汞的比例范围为10.32％～40.86％。由于低热值煤中 Hg 含量较高，发热量较低，低

热值煤电厂汞的平均排放因子为 $52.55\mu g/(kW \cdot h)$，高于文献报道的燃煤电厂的平均值。低热值煤电厂的 ESP 和 FF 具有较高的 Hg 脱除效率，ESP 的汞脱除效率分别为 56.64%（DY 电厂）和 67.34%（TD 电厂）。FF 的汞脱除效率为 $59.02\% \sim 89.42\%$，归因于低热值煤飞灰对 Hg 的沉积/吸收能力的提高。3 个湿法脱硫系统对汞的脱除效率差异较大，最多有不到 12% 的汞被转移到脱硫石膏中。

④ 3 种低热值煤中汞的释放的主峰在 $180 \sim 500\,℃$ 和 $500 \sim 900\,℃$ 温度区间，YW 电厂低热值煤中汞的主要赋存形态为氯化汞、氯化亚汞、溴化汞或有机结合态汞。QX 和 YH 电厂低热值煤中的主要赋存形态为黄铁矿结合态汞。3 种低热值煤中黄铁矿结合态汞含量与硫分正相关。空气气氛下，3 种低热值煤层燃过程中汞的释放特征类似，均为瞬间释放达到最高值，然后逐渐降低。不同低热值煤中元素汞的释放比例不同，YH 电厂最高为 42.53%，YW 电厂最低为 13.35%，低热值煤中氯元素和硫元素的含量对烟气中汞的形态分布有较大影响。O_2/CO_2 气氛下，3 种低热值煤的释放曲线与空气气氛下类似，但汞瞬间释放强度都有不同程度的增高，峰的下降速率变小。O_2/CO_2 气氛下，YW 和 QX 电厂低热值煤在元素汞的释放比例增加，而 YH 电厂低热值煤元素汞的释放比例减小。O_2/CO_2 气氛对元素汞的释放影响较为复杂。随着反应温度升高，元素汞瞬间释放强度增大，峰宽度变小，元素汞释放量逐渐降低。主要原因为较高的层燃温度可增高烟气中的氯原子浓度，从而增加元素汞被氧化的概率，降低元素汞的释放比例。QX 电厂低热值煤层燃过程中汞极易释放，$800 \sim 1100\,℃$ 温度范围内，加热 50s 后汞的释放率均达到 96% 以上。当停留时间小于 20s 时，总汞释放率随着温度和停留时间的增加而增大。当总汞释放率达到 98% 时，其增长缓慢并趋于稳定。3 种低热值煤的挥发分产率均随温度和停留时间的增加而逐渐增加。挥发分的释放可促进汞的释放。

⑤ YW、YH 和 QX 3 个低热值煤电厂飞灰的比表面积和未燃尽炭含量远大于燃煤电厂飞灰的平均值。YW 飞灰和 QX 飞灰中汞化合物的主要形态为 HgS，其次为 $HgCl_2$，YH 飞灰中汞化合物的主要形

态为 $HgCl_2$。飞灰吸附 Hg^0 前后的汞赋存形态变化表明，N_2 气氛下飞灰对 Hg^0 存在吸附/氧化作用，主要吸附/氧化机理是 Hg^0 转化为 $HgCl_2$ 的非均相氧化反应。飞灰中未燃尽炭含量和比表面积对 Hg^0 的吸附/氧化起主要作用，飞灰中金属氧化物对 Hg^0 的吸附/氧化作用能力较弱。随着入口汞浓度增加，汞的穿透率提高，吸附量增大。随着吸附温度增加，汞的穿透率提高，吸附量减少。3 种基本气氛 N_2、O_2 或 CO_2 对汞吸附影响较小。

⑥ 根据汞排放量的估算模型，2015 年山西省低热值煤电厂排放到大气中的汞为 4.7981t，排入固体废弃物中的汞为 7.1971t，主要排放源为飞灰，少量为底灰和脱硫石膏。

8.2　本书的创新点和优势分析

① 研究了低热值煤主要来源选煤厂各产品中汞的赋存形态和热稳定性，获得了洗中煤、煤矸石、煤泥和原煤、精煤中各种汞赋存形态的分布及其热稳定性的异同。

② 研究了在氮气和空气下 Hg^0 的释放曲线，得到了煤泥在热解过程中 Hg^0 的释放规律。研究了 3 种气氛（氮气、空气、氧气）、3 个温度（800℃、900℃、1000℃）煤泥在小型流化床条件下 Hg^0 的释放，获得了煤泥燃烧过程中汞的释放规律。

③ 研究了山西省 6 个典型的低热值煤电厂汞的分布、汞排放因子、典型污染控制装置的汞脱除效率，揭示了山西省低热值煤电厂汞的迁移规律，建立了山西省低热值煤电厂汞的年排放量清单。

④ 研究了 3 个低热值电厂燃料在层燃过程中 Hg^0 的动态逸出特性，获得了低热值煤层燃过程中汞的形态转化和释放规律。

⑤ 采用 TPD-AFS 技术研究了低热值煤飞灰吸附 Hg^0 前后的汞赋存形态变化，揭示了飞灰对 Hg^0 的吸附/氧化特性机理，分析了飞

灰吸附/氧化汞的主要影响因素。

8.3 趋势分析

低热值煤热转化过程中汞的迁移特征及控制研究目前已引起广泛关注。经过本书的研究，揭示了一些低热值煤中汞在燃烧过程中的迁移规律。但在本研究基础之上，下列工作还有待于进一步地深入和完善。

① 仅考查了山西省部分地区典型的低热值煤及低热值煤电厂汞的释放及迁移规律，建议在以后的工作中研究其他地区典型的低热值煤。

② 对选煤厂不同产品中汞的赋存形态与热稳定性进行了研究，建议下一步对洗煤厂原煤进行各种条件下的模拟洗选，以研究洗选方法对选煤厂不同产品中汞赋存形态与热稳定性的影响。

③ 由于低热值煤电厂条件所限，本书未对低热值煤电厂烟气中汞的排放进行在线采样检测，建议在以后的工作中对低热值煤电厂烟气中的汞进行实地采样和监测。

④ 在管式炉装置上对低热值煤电厂燃料层燃过程中汞的释放进行了研究，建议在下一步的工作中在模拟流化床中进行实验以更接近实际电厂燃烧工况。虽初步探讨了低热值煤中汞的赋存形态对燃烧的影响，但由于实验条件所限，影响的具体原因以及反应机理未知，建议在下一步的工作中对此进行深入研究。

⑤ 发现低热值煤电厂飞灰对汞有一定的吸附/氧化作用，考查了单一气氛，固定床中飞灰对零价汞的吸附，希望能在以后的工作中模拟电厂烟气实际气氛，研究改性飞灰对汞的吸附/氧化作用。

附　录

主要符号说明

A	灰分	%
A_C	灰产率	%
A_a	吸附效率曲线下方所包围的面积	无因次
A_s	响应面积	无因次
C	出口处气体中的汞浓度	ng/min
C_0	入口处汞的初始浓度	ng/min
ccf	洗煤过程中汞排放修正因子	无因次
C_A	灰渣中的 Hg 含量	ng/g
C_c	燃料中的 Hg 含量	ng/g
Cx	底灰或飞灰中的 Hg 含量	ng/g
E_a	汞排放因子	$\mu g/(kW \cdot h)$
EMF	汞排放修正因子	无因次
EMF_i	燃烧方式以及污染物控制装置的汞排放修正因子	无因次
EMF_s	燃烧方式的汞排放修正因子	无因次
EMF_c	烟气污染物控制装置的汞排放修正因子	无因次
LOI	烧失量	%
M	水分	%
M_A	灰渣质量	g
M_C	低热值煤质量	g
M_e	元素汞的质量	10^{-3} ng
M_{Hg}	每年的总汞排放量	t/a
M_g	大气中汞的年排放量	t/a
M_s	固体废物中汞的年排放量	t/a
m	吸附剂质量	g
m_b	排放到底灰中 Hg 的质量	kg/a
m_c	燃料中 Hg 的输入质量	kg/a
m_f	排放到飞灰中 Hg 的质量	kg/a
m_g	排放到脱硫石膏中 Hg 的质量	kg/a
m_{stack}	排放到大气中的汞的质量	kg/a

q	单位吸附量	ng/g
Q	载气流量	m^3/min
Q_{net}	低位发热量	MJ/kg
RE	相对富集因子	%
RR	总汞释放率	%
R_A	灰渣产率	%
S_A	比表面积	m^2/g
t	吸附时间	s
T	温度	℃
UBC	未燃尽炭	%
V	挥发分	%
VY	挥发分产率	%

希腊字符

Ψ	穿透率	%
η	吸附效率	%
η_{max}	最大吸附效率	%

缩略语

a	差减法
ad	空气干燥基
AFS	元素汞检测系统（原子荧光光谱仪）
B	烟煤
CEM	在线分析法
CFB	循环流化床
CS-ESP	冷侧静电除尘器
CVAAS	冷原子吸收光谱
CVAFS	冷原子荧光光谱

DOE	美国能源部
EPA	美国环保署
ESP	静电除尘器
FF	布袋除尘器
HS-ESP	热侧静电除尘器
L	褐煤
LCV	低热值煤
LID	石灰石喷射脱硫
OFC	富氧燃烧
OHM	安大略法
PC	煤粉炉
S	次烟煤
SEM	扫描电镜
SDA	旋转喷雾干燥法烟气脱硫
SCR	选择性催化还原脱硝技术
SNCR	选择性非催化还原法
TPD	程序升温热解
WFGD	湿法烟气脱硫